in Gedenken an Dr. Werner Mayer

Impressum

Smaragdeidechsen *Lacerta bilineata* und *Lacerta viridis*
Wissenswertes über die farbenfrohen Reptilien Europas
1. Auflage 2017

Kleintierverlag Thorsten Geier
Biebertal 2017
ISBN 978-3-944484-17-4

Foto auf dem Umschlag (Vorderseite): Peter Oefinger (Männliche *Lacerta viridis* aus Nera Gorge, Rumänien)
Foto auf dem Umschlag (Rückseite): Jürgen Lehmann

Fachverlag für naturnahe Tierhaltung
Postfach 11 11
35441 Biebertal
Telefon: +49 (0)6409 6619485
Telefax: +49 (0)6409 6619485
E-Mail: info@kleintierverlag.de
Internet: www.kleintierverlag.de

Umschlag und Buchgestaltung: Riko Wolny
Druck: L&W Druck, Bad Endbach

Martin Dieckmann

Smaragdeidechsen

Lacerta bilineata und *Lacerta viridis*

Wissenswertes über die farbenfrohen
Reptilien Europas

THORSTEN GEIER
kleintierverlag.de
Fachverlag für naturnahe Tierhaltung

INHALT

Lacerta viridis viridis, Männchen aus der Wachau, Österreich. *Foto: Angelika Troidl*

1 VORWORT

Sich mit Eidechsen zu beschäftigen ist ein schönes Hobby. Zumindestens für mich scheint es eine Lebensaufgabe zu sein, denn von klein auf bin ich von Reptilien fasziniert. Und das trifft besonders für die Eidechsen zu. Natürlich kommen irgendwann einmal Lebensabschnitte, wo man sich weniger mit seinem Hobby beschäftigt. Meist sind es Zeitgründe, die dazu führen. Trotzdem ist es nicht gerade schwierig, ausgerechnet mit Eidechsen immer wieder in Berührung zu kommen: Sei es nun im Urlaub oder sogar im eigenen Garten, wo sie bei vielen noch wild leben, weil dort noch die Lebensbedingungen herrschen, die sie benötigen.

Das Fotografieren von Smaragdeidechsen macht großen Spaß. Man ist immer wieder auf das Neueste gespannt, denn schließlich sieht jede Eidechse anders aus. Unter den ohnehin sehr schönen Tieren gibt es immer sprichwörtliche highlights mit einer ausgeprägten Färbung und/oder Zeichnung. Das Foto zeigt Jochen Zauner beim Fotografieren. *Foto: Martin Dieckmann*

In den letzten 35 Jahren haben mich Eidechsen immer begleitet. Natürlich in meinen Terrarien, im Urlaub, in Vereinen mit Gleichgesinnten und selbstverständlich auch auf der Eidechsentagung in Gersfeld, der ich seit 20 Jahren beiwohne. Sogar während meiner Bundeswehrzeit musste ich ganz und gar nicht auf Eidechsen verzichten. In unserer damaligen Raketenstellung am Rande der Lüneburger Heide, wo ich meinen Dienst versah, hatte ich Gelegenheit mich vor allem mit der Zauneidechse zu beschäftigen, auch wenn es nur bei Beobachtungen blieb. Heutzutage hat man es sogar noch einfacher: Aufgrund von Verschleppungen hat man nun sogar die Mauereidechse praktisch vor seiner Haustür. Eine 20-minütige Autofahrt und man hat die erste Population bereits erreicht.

Leider nehmen die Bestände der Eidechsen allgemein ab. Dies gilt vor allem bei uns in Westfalen für die Zauneidechse. Sie zu finden nimmt heute viel mehr Zeit in Anspruch, als das noch vor 20 Jahren der Fall war. Vor allem freue ich mich immer wieder mal eine Eidechse an Orten – wo sie einst recht häufig war – zu sehen und zu beobachten. Für unsere heimische Waldeidechse benötige ich nur ein Fahrrad. Denn bloß wenige Minuten von meiner Haustür entfernt befindet sich das Naturschutzgebiet Lippeaue. Es handelt sich dabei um ein unter Schutz stehendes Feuchtgebiet, welches von der EU gefördert wird. Seit einigen Jahren leben dort wieder Weißstörche, und ziehen dort ihre Jungen auf. Vor allem im Frühjahr hat man Gelegenheit in diesem Schutzgebiet Waldeidechsen häufig zu begegnen.

Gerade als Terrarianer machen es einem die Eidechsen leicht, sich mit Reptilien zu beschäftigen, denn einige Eidechsenarten kommen in unseren Breiten vor. Naturverbundenheit gehört natürlich dazu, und vielleicht auch etwas Liebe zu dieser Tiergruppe. Dass es sich bei den Eidechsenfreunden nur um einen eher kleinen Kreis Gleichgesinnter handelt, ist für unsere Reptilien- und Amphibienfauna im Hinblick auf den Schutz der Tiere mit Sicherheit nicht von Nachteil. Ganz im Gegenteil. Und trotzdem habe ich mich aufgebracht diese Monografie (eigentlich sind es sogar zwei) über die vierte Eidechsenart unserer Heimat, der Smaragdeidechse, zu schreiben. Zwar ist es die farbenprächtigste Eidechse in unserem Land, trotzdem fällt es mir schwer sie auch die schönste zu nennen, da ich von all unseren Eidechsenarten gleichermaßen fasziniert bin. Nichtsdestotrotz hab ich mich vor allem mit der Smaragdeidechse in meiner Freizeit beschäftigt. Jahrelang habe ich sie gepflegt, beobachtet und Daten gesammelt, damit ich mit diesem Buch mein Wissen an Interessierte weitergeben und Neugierde wecken kann. Sicherlich wundert sich der ein oder andere über den kleinen Aufsatz „Von der Wärme angelockt – Smaragdeidechsen am Kaiserstuhl". Für mich ist der Kaiserstuhl mit seinem so andersartigen Klima seit langem ein besonderes Ausflugsziel. Wenn zu Hause noch Schnee

Wer seinen Smaragdeidechsen etwas Gutes tun will, baut ihnen ein Freilandterrarium. Es gibt wohl kaum etwas besseres, als seine Tiere direkt von seiner Terrasse aus – wie hier beim Autor im Garten – beobachten und studieren zu können. *Foto: Martin Dieckmann*

Der Autor im Lebensraum von *Lacerta bilineata bilineata* in der Ruinenstadt Dvigrad, Istrien. *Foto: Karin Dieckmann*

lag und die Vegetation sich in tiefster Winterruhe befand, konnte man am Kaiserstuhl schon Frühling erleben. Hier erwachte auch mein Interesse an die Natur und Naturfotografie. Und so war und ist der Kaiserstuhl für mich ein beliebtes Ziel, um seltene Tiere und Pflanzen zu beobachten und zu fotografieren. Immer wieder hat es mich hier her verbracht, immer wieder habe ich dort Neues entdeckt oder scheinbar Altbekanntes in neuem Licht gesehen. Eine komplette Beschreibung der Kaiserstühler Natur würde viele Bände füllen, und wäre zeitlich sicherlich kaum zu bewältigen. Ich möchte in meinem Buch daher nur einen kurzen Abriss über die Natur und den Kaiserstuhl im Überblick vorstellen. Denn aufgrund der Wärmegunst dieses Vulkangebirges fühlt sich dort die Smaragdeidechse besonders wohl. Auch unsere anderen heimischen Eidechsen lassen sich hier sehen. Deshalb wird auch die eine oder andere Eidechse uns hier über den Weg bzw. durch das Buch laufen!

Im März reichen nur wenige Sonnentage bereits aus, um die Smaragdeidechsen aus der Winterruhe zu locken. Wie bei vielen Vertretern aus der Familie der *Lacertidae* (Echte Eidechsen oder Halsbandeidechsen) machen auch hier die Männchen den Anfang. Wirken ihre Farben in den ersten Tagen noch etwas düster und matt, so ändert sich dies nach der ersten Häutung. Dann erstrahlen sie in einem leuchtenden Grün und machen so ihrem Namen alle Ehre.

Während Smaragdeidechsen in Südeuropa doch eine recht häufige Erscheinung sind, und man sie in einer Vielzahl von Lebensräumen finden kann, so sind sie nördlich der Alpen nur noch ein Relikt des nacheiszeitlichen Klima-Optimums. Sie konnten sich nur noch an wenigen, klimatisch günstigen Orten (wie im Rheintal, am Kaiserstuhl oder an der Mosel) halten. Smaragdeidechsen sind unsere größten einheimischen Eidechsen. Sie sind mit der

Zauneidechse (*Lacerta agilis*) nahe verwandt, und kommen mit ihr auch oft gemeinsam im gleichen Lebensraum vor. Möchte man diese schönen Reptilien einmal pflegen, so gelingen Zuchterfolge meiner Erfahrung nach auf Dauer nur in Freilandterrarien. Auch hier gilt es, wie es sich mittlerweile in der Terraristik herumgesprochen haben sollte, nur gesunde Nachzuchten (die Ursprünge liegen meistens in südeuropäischen Tieren) zu erwerben. Die Gründe sind vielfältig und werden noch in diesem Buch ausführlich besprochen. Smaragdeidechsen sind gesetzlich geschützt und dürfen der Natur nicht entnommen werden.

Seit über 20 Jahren beschäftige ich mich nun schon mit der Westlichen Smaragdeidechse (*Lacerta bilineata*). Die ökologischen Ansprüche der Östlichen Smaragdeidechse (*Lacerta viridis*) sind nahezu identisch, sodass auch diese Art in diesem Buch erwähnt werden kann.

Mit diesem Buch möchte ich einen Beitrag leisten, Ihnen diese faszinierenden „Smaragde auf vier Beinen“ mit ihrem interessanten Verhaltensrepertoire und ihrer Lebhaftigkeit etwas näher bringen zu können.

Martin Dieckmann

In der Tierwelt gibt es viele Akrobaten; die Smaragdeidechse macht es vor.
Foto: Jochen Zauner

Lacerta viridis guentherpetersi ist nicht nur auf der Insel Euböa (Griechenland) zu finden. Es gibt auch vereinzelte Vorkommen auf dem nahe gelegenen Festland. *Foto: Peter Oefinger*

2 SYSTEMATIK UND UNTERARTEN

Zurzeit gibt es 41 Gattungen aus der Familie der *Lacertiden* (zzgl. einigen Untergattungen) mit über 300 Arten. Lange Zeit hatte die Wissenschaft Probleme mit der großen Sammelgattung *Lacerta*, obwohl schon damals klar war, dass sie mehrere Artengruppen umfasste (BISCHOFF 2005). Während BOULENGER (1920) innerhalb seiner Untersuchungen nur zwei Arten – nämlich *Lacerta agilis* und *Lacerta viridis* – zuordnete, so finden wir gegenwärtig innerhalb der Smaragdeidechsen drei Arten-Gruppen mit insgesamt acht Arten. *Lacerta bilineata* und *L. viridis* bilden zusammen mit der Streifensmaragdeidechse

(*L. strigata*) und der Iberischen Smaragdeidechse (*L. schreiberi*) die *Lacerta-viridis*-Gruppe (ELBING & NETTMANN 2001). Während es sich bei den beiden letztgenannten um monotypische (keine Unterarten ausbildende) Arten handelt, zählen die Westliche und die Östliche Smaragdeidechse zu den polytypischen (Unterarten ausbildenden) Arten. Erst im Jahr 1991 wurde eine Trennung von *Lacerta viridis* (Smaragdeidechse) in *Lacerta viridis* (Östliche Smaragdeidechse) und *Lacerta bilineata* (Westliche Smaragdeidechse) vollzogen. In meinem Buch wird – falls nicht explizit darauf hingewiesen wird – die Smaragdeidechse als Synonym der Westlichen Smaragdeidechse verwendet. Es gibt sehr unterschiedliche Auffassungen zu diesem Thema der Systematik. Daher ist es durchaus möglich, dass *Lacerta bilineata* wieder als Unterart von *Lacerta viridis* gelistet wird.

Aktuelle Untersuchungen ergaben, dass *L. b. chlorosecunda* und *L. b. fejervaryi* genetisch nicht mehr haltbar zu sein scheinen, und die dortigen Tiere *L. b. bilineata* zugeordnet werden müssen. Für Sizilien und dem gegenüberliegenden Kalabrien hat *L. b. chloronota* weiter Bestand (MARZAHN et al. 2015).

Lacerta trilineata citrovittata von den Inseln des nördlichen Kykladenbogens wurden Anfangs zu *Lacerta viridis* gezählt. Dieses Foto wurde auf der Insel Tinos (Griechenland) aufgenommen. *Foto: Angelika Troidl*

Innerhalb der *Lacertidae* sind drei Unterfamilien anerkannt: *Lacertinae, Eremiadinae* und *Gallotiinae*. Letztere beinhalten nur 2 Gattungen mit insgesamt wenigen Arten in Südwest-Europa, Nordwest-Afrika und den Kanarischen Inseln. Auf diesem Foto ist der Algerische Sandläufer aus der kleinen Gattung *Psammodromus* (Sandläufer) im Freilandterrarium des Autors zusehen. *Foto: Martin Dieckmann*

Aus der zweiten Gattung ist ein Prachtexemplar von *Gallotia galloti eisentrauti* zu sehen. *Foto: Jochen Zauner*

Bei *Lacerta viridis* sieht es ähnlich aus, denn folgende Unterarten bestätigten sich bei den Untersuchungen: Gesichert sind nur die Unterarten *L. v. guentherpetersi* und *L. v. viridis*, wobei letztere nochmals in drei verschiedene Unterarten aufgespalten werden. Genauere Untersuchungen hierzu stehen noch aus, um den genauen Ursprung lokalisieren zu können. Ein weiteres Taxon scheint in Nordgriechenland und Südwest-Bulgarien zu existieren. *L. v. meridionalis*, *L. v. infrapunctata* sowie *L. v. paphlagonica* sind nicht mehr haltbar, da Vertreter in den neuen Analysen sowohl zu *L. v. v.* als auch zu einer eigenen türkischen Linie gestellt werden.

Männchen von *Lacerta viridis* von den Plitvicer Seen. Eine Blaufärbung der Kehle fehlt dem Tier völlig. *Foto: Martin Dieckmann*

Zusätzlich gibt es noch entlang der Adria-Küste eine eigene Linie, die bereits von BÖHME et al. (2007) beschrieben wurde. Hier gibt es ebenfalls eine weitere Aufspaltung in drei Unterarten. An der Grenze zwischen Albanien und Griechenland gibt es zwei eigene Linien, die parapathrisch vorkommen (MARZAHN et al. 2015).

Bei den Smaragdeidechsen der Halbinsel Istrien handelt es sich um Vertreter der Adria-Abstammungsform. Diese bewohnt das Gebiet westlich der Gebirge (Dinariden, Helleniden) von Westgriechenland nordwärts bis Friaul. Diese Eidechsen werden je nach Bearbeiter entweder zu *Lacerta bilineata* oder *L. viridis* gezählt. Tatsächlich stellen sie eine äquivalente Gruppe neben *L. bilineata*, *L. viridis* und den kleinasiatischen Vertretern von *L. viridis* dar. Diese Aufnahme entstand im mittleren Istrien in der Ruinenstätte von Dvigrad. *Foto: Martin Dieckmann*

Dieses wunderschön gezeichnete Weibchen einer Östlichen Smaragdeidechse ähnelt einer Iberischen Smaragdeidechse *Lacerta schreiberi* doch sehr stark. *Foto: Horst Filitz*

3 BESCHREIBUNG

Smaragdeidechsen sind die größten Vertreter aus der Familie der *Lacertiden* in Mitteleuropa. Farblich gesehen sind sie die wohl schönsten Eidechsen. Sie sind nahe mit der Zauneidechse verwandt. Mit einer Gesamtlänge von 30 bis 40 cm sind sie jedoch wesentlich größer als die Zauneidechsen. Äußerlich lassen sich ausgewachsene Tiere beider Arten nicht unterscheiden. Charakteristisch ist bei Jungtieren eine oberseits hellbraune Färbung. Vereinzelt treten eine feine schwarze Fleckenzeichnung sowie eine leichte weiße Fleckenlinie an den Flanken auf. Bei den Jungtieren von *L. viridis* sind Hals und Kehle im Gegensatz zu *L. bilineata* niemals grün.

Von ihrer Gesamtlänge entfallen fast zwei Drittel auf den Schwanz. Smaragdeidechsen haben einen sehr kräftigen Körper, der dem der Zauneidechse ähnelt. Die Männchen sind auf dem Körper gelbgrün bis leuchtend grün mit einer auf Rücken und Flanken dunklen und dichten Fleckenzeichnung. Die Kehle „leuchtet" vor allem zur Fortpflanzungszeit im Frühjahr himmelblau. Das Weibchen ist ebenfalls grün; in seltenen Fällen auch braun gefärbt. Bei letzteren befinden sich auf Rücken und Flanken vier cremefarbene Längslinien, die von dunklen Tupfenreihen begleitet werden. Diese Linien können mit dem Alter verblassen oder auch ganz verschwinden. Bei den Weibchen ist die Kehlregion manchmal leicht bläulich (vor allem bei älteren Weibchen von *L. viridis*), aber nie so intensiv wie bei den männlichen Tieren. Die Unterseite ist bei beiden Geschlechtern meist gelblich. Es gibt Populationen bei denen eine blaugefärbte Kehle fehlt. Vor allem an der Westküste Italiens finden wir zumeist rein grüne Tiere ohne jegliche schwarze Flecken am Körper. Diese können aber gelegentlich blaue Halsseiten aufweisen. Im Südosten Italiens findet man wiederum großwüchsiger Smaragdeidechsen, deren jegliche Blaufärbung fehlt. Dafür überrascht *L. b. chloronota* in Sizilien und Kampanien mit überaus blauen Köpfen.

Dass auch Zauneidechsen zu den „green lizards" gehören, belegt dieses Foto von diesem Weibchen von *Lacerta agilis brevicaudata.* Die Formenvielfalt kaukasischer Zauneidechsen ist größer, als es sich bei mitteleuropäischen Tieren erwarten lässt. *Foto: Martin Dieckmann*

Das Halsband ist bei Smaragdeidechsen deutlich zu erkennen. Hier ein Tier aus Apulien (Italien). *Foto: Martin Dieckmann*

Der Kopf ist bei den Männchen kräftiger ausgebildet als bei den Weibchen. Zwischen den Brustschilden und den Kehlschuppen befindet sich eine Reihe vergrößerter Schuppen. Es wird als Halsband bezeichnet, welches der Familie der *Lacertiden* auch den deutschen Namen Halsbandeidechsen eingebracht hat. Die Schläfenschilde sind nicht sehr zahlreich, meist sind es unter 20. Die Unterseite besitzt 6 Längsreihen trapezförmig angeordneter Bauchschilde. Der Schwanz wird von großen, regelmäßig angeordneten Wirtelschuppen bedeckt. Smaragdeidechsen sind – wie alle Eidechsen – in der Lage bei Gefahr ihren Schwanz abzuwerfen. Quer durch jeden Schwanzwirbel, durch das ringsum liegende Fettgewebe wie auch durch die umfassenden Muskelbündel, verläuft eine Bruchfläche (die sogenannte Autotomiefläche), an denen der Schwanz abgestoßen werden kann. Innerhalb weniger Wochen wächst der Schwanz wieder nach. Er erreicht jedoch nicht mehr die ursprüngliche Länge des Originalschwanzes und weist zudem meist eine etwas andere Färbung auf.

Beide Smaragdeidechsenarten sind kaum zu unterscheiden, sie sind prächtig smaragdgrün. Zur Fortpflanzungszeit sind die Kehlen der Männchen leuchtend blau, ausnahmsweise auch die der Weibchen. Die Weibchen haben oft noch dunklere Flecken auf der Körperfläche und/oder zwei hellere Rückenstreifen. Nur im Jugendkleid sind sie zu unterscheiden. Hier ein Jungtier von *Lacerta bilineata* vom Kaiserstuhl …
Foto: Siegfried Troidl

… und ein Jungtier von *Lacerta viridis* aus dem Donautal bei Passau. *Foto: Jochen Zauner*

Jungtiere können noch bis in den November hinein beobachtet werden; selbst hier in Passau, wenn die mikroklimatischen Bedingungen stimmen. *Foto: Sven Becker*

4 VERBREITUNG, LEBENSRAUM UND LEBENSWEISE

Die beiden Smaragdeidechsenarten weisen ein unterschiedliches Verbreitungsgebiet auf. Das Vorkommen von *Lacerta bilineata* erstreckt sich von Frankreich über Nordspanien und Italien. In der Schweiz lebt die Art südlich der Alpen. Nördlich der Alpen findet man sie noch an klimatisch günstigen Stellen wie im Rheintal, an der Mosel und im Breisgau, wo sie ein Relikt des nacheiszeitlichen Klima-Optimums ist. Auf kroatischem Territorium kommt sie nur auf den nahe gelegenen Kvarner Inseln Cres und Lošinj vor. Die Kontaktzone zwischen den beiden Arten ist noch nicht abschließend geklärt.

Der Westrand des Verbreitungsgebietes von *Lacerta viridis* liegt in Österreich und schließt im Norden, Osten und Südosten an das Vorkommen in Deutschland (Passau), Tschechien, der Slowakei, Ungarn und Slowenien an. Ein weiteres isoliertes Vorkommen befindet sich in der Lausitz (Deutschland). Südlich erstreckt sich ihr Verbreitungsgebiet über die Balkanhalbinsel einschließlich Griechenland. In der Nordtürkei existiert eine eigene Linie mit einzelnen Vorkommen in Nordostgriechenland.

Männchen von *Lacerta viridis viridis* aus einer brandenburgischen Population. *Foto: Axel Kwet*

Die Westliche Smaragdeidechse *Lacerta bilineata* lebt in Deutschland nur an für sie begünstigte Lebensräume. Dies sind überwiegend sonnenexponierte Hanglagen, die meist in offenen Landschaften liegen. So findet man sie z. B. am Kaiserstuhl zumeist in Weinbauböschungen mit offenen, vegetationsfreien Bereichen wie Lößhohlwegen, an Felsen und Steinbrüchen. Aber auch an krautiger und mit Gras überdeckter Vegetation, sowie trockenen Gebüschsäumen. Immer vorhanden sind hierbei lockere Böden z. B. Löß, die der Eiablage dienen. Auffallend ist hier, dass rund 95 % der bisherigen Fundorte auf nicht flurbereinigtem Rebgelände liegt bzw. bei denen die Flurbereinigung lange Zeit zurück liegt (FRITZ et al. 2001). Im Mittelrheingebiet sind es in erster Linie deckungsreiche Flächen wie z. B. an mit *Calluna vulgaris* bewachsener Vegetation mit Zwergginster, deren Höhe nicht mehr wie 30 cm betrifft, sowie Felsen und felsähnliche Flächen, deren Schlupflöcher den Eidechsen als Verstecken dient. In Brandenburg lebt die Östliche Smaragdeidechse *Lacerta viridis* an wenigen isolierten Standorten, dessen Relikte aus der wärmeren Epoche stammen. Auch hier bewohnt sie unterschiedliche Habitate. Wichtig ist eine günstige Sonnenbestrahlung, um auf

Dieses junge Tier von den Donauleiten verrät äußerlich noch nicht viel als Smaragdeidechse. Adult besitzen aber vor allem die Männchen ausgesprochen blaugefärbte Köpfe. *Foto: Martin Dieckmann*

ihre Vorzugstemperatur zu gelangen. Junge Kiefernbestände und locker bewachsene bzw. sandige Flächen sind hier die wichtigsten Lebensräume. Aber auch im Randbereich von offenen Heideflächen und alten Geäststapeln kommen die Tiere vor (ELBING 2001a). Ein weiteres Vorkommen dieser Art liegt im bayrischen Passau und in näherer Umgebung im Donautal. Hier lebt sie u. a. an einem bandartigen Areal am Hangfuß eines Bahndammes, welches 1986 als Naturschutzgebiet ausgewiesen wurde (ASSMANN 2001). Natürliche Habitattypen sind hier lichte Eichenwälder sowie waldfreie Felsbereiche und Blockhalden. Des Weiteren lebt sie in vom Menschen offen gehaltenen Flächen wie Bahndämmen, Straßenböschungen und am Donauufer und in Steinbrüchen (eigene Beob.). Am nordwestlichsten Rand ihres Verbreitungsgebietes lebt die Westliche Smaragdeidechse auf der Kanalinsel Jersey unter sehr suboptimalen Temperaturbedingungen. Hier liegt die höchste Populationsdichte in den Küstendünengebieten, die dicht mit Strandhafer (*Ammophila arenaria*) bewachsen sind. Auf dieser europäischen Insel ist in den letzten Jahren ein deutlicher Rückgang dieser Eidechse festzustellen. Die Gründe liegen in der Intensivierung der Landwirtschaft und der Anwendung von Pestiziden sowie der Habitatzerstörung durch starke Sukzession (CORBETT 2002).

Mit Ausnahme der Zauneidechse (*Lacerta agilis*), die ein riesiges Verbreitungsgebiet vorwiegend in von kontinentalem Klima geprägten Gebieten Europas und Asiens hat, sind die Smaragdeidechsen Bewohner der mediterranen Klimazonen Südeuropas und Vorderasiens. *Foto: Jochen Zauner*

Ein Magnet für Besucher aus aller Welt ist der berühmte Nationalpark Plitvicer Seen (Kroatien). Er bietet ein einmaliges Naturschauspiel aus Wasser und Fels und zeigt den Lebensraum der Östlichen Smaragdeidechse *Lacerta viridis*. *Foto: Martin Dieckmann*

19.550 Hektar groß ist der Naturpark Biokovo. Dieses Gebirge wirkt auf den ersten Blick karg und kahl, beherbergt jedoch zahlreiche Pflanzen- und Tierarten. Über 1.500 Pflanzen wurden bisher registriert, 7 geschützte Amphibien- und 21 Reptilienarten und mehr als 100 Vogelarten haben hier ihren Lebensraum.
Foto: Martin Dieckmann

Eine Vielzahl von Spuren verweisen auf das Leben der Menschen im Gebirge, wie diese verlassenen Hirtenquartiere, die ein Eldorado für Reptilien sind. Unter den Vertretern der Smaragdeidechsen finden wir hier ab etwa 1.300 Meter Meereshöhe *Lacerta viridis*, die in niedrigen Gebirgslagen von der Balkan-Riesensmaragdeidechse *Lacerta trilineata major* abgelöst wird. Mit etwas Geduld kann man hier einer der seltensten Eidechsen Europas beobachten, die Mosor-Eidechse *Dinarolacerta mosorensis*.
Foto: Martin Dieckmann

Das Naturschutzgebiet „Donauleiten von Passau bis Jochenstein" beherbergt nicht weniger als 7 Reptilienarten, darunter auch *Lacerta viridis*. Hier treffen Tier- und Pflanzenarten aus vier arealgeografischen Gruppen zusammen: Präalpine/montane Gruppe, subatlantische Gruppe, kontinentale Gruppe und submediterrane Gruppe. Hier findet man die größte Reptilienvielfalt unseres Landes.
Foto: Wolfgang Böckl

Im Donautal kann man die Smaragdeidechse noch recht häufig beobachten. Hier lebt sie am Hangfuß der Leiten, am Donauufer, am Bahndamm, an Felsbereichen und wie hier zu sehen an Steinhalden. *Foto: Jochen Zauner*

In der Schweiz erreicht *Lacerta bilineata* – mit Ausnahme der deutschen Reliktvorkommen – die Nordgrenze ihres Verbreitungsgebietes. Hier beschränkt sich ihr Areal auf die südliche Landeshälfte, wo sie vor allem im Wallis und Tessin größere zusammenhängende Gebiete besiedelt. Im Kanton Tessin ist diese Eidechse bezüglich ihrer Biotopwahl wenig anspruchsvoll. Man findet sie in Wäldern, Wiesen und Rasen sowie Krautsäume, Gebüschen und Hochstaudenfluren. Es handelt sich dabei also eher um vegetationsreiche und oft schattige Lebensräume anstelle trockener Flächen. So konnten meine Frau und ich die Tiere auf fast jedem Autobahnparkplatz auf der Alpensüdseite finden. Wir haben sie aber auch in Ruinen, an Legesteinmauern und in der Nähe menschlicher Siedlungen, in erster Linie alte Bauerndörfer, angetroffen. Im Wallis meidet sie die typische Steppenvegetation. In der Schweiz wurde die Westliche Smaragdeidechse bis auf 2.020 m nachgewiesen; mit 720 m liegt der

Diese Smaragdeidechse hat es sich auf einem alten Dach auf der ionischen Insel Korfu (Griechenland) gemütlich gemacht. *Foto: Jochen Zauner*

Verbreitungsschwerpunkt auf der montanen Stufe (HOFER 2001). Während die Smaragdeidechse in Mitteleuropa zweifellos zu den selteneren Reptilien zählt, so sind diese großen, leuchtend grünen Geschöpfe im Mittelmeerraum doch prägende Reptilien in der dortigen Tierwelt. Aufgrund des Klimas findet man sie häufig in feuchteren Gebieten oder aber auf Hochlagenregionen. Es würde jedoch den Rahmen sprengen, in diesem Buch alle Habitate aufzuführen. Meine Frau und ich fanden die Tiere auf der Insel Cres (Kroatien) in fast jedem Gebüsch. In der Hochebene des südlichen Velebit (am Tulove Grede des Mali Alan Passes ca. 1.400 m ü. NN) begegneten sie uns ebenfalls. Dort lösten sie die einige hundert Meter tiefer lebende *Lacerta trilineata* ab. In der Po-Ebene fanden wir sie z. B. in Gemüseplantagen und an Rastplätzen der Autobahn. Im Nordosten Spaniens (Katalonien) waren sie bis in Strandnähe im Schilf zu beobachten. Auch im Süden Frankreichs fanden wir sie häufig. Neben der Mauereidechse *Podarcis muralis* war sie das meist gesichtete Reptil.

Am Kaiserstuhl kommen die Eidechsen gewöhnlich – wie auch am Mittelrhein – Mitte März bis Anfang April aus ihren Winterquartieren. Die Männchen erscheinen zuerst. Wir konnten

In dieser atemberaubenden Felslandschaft des südlichen Velebit wurden Szenen für fast alle Winnetou-Filme gedreht. Im Hintergrund ist der Tulove Grede (im Film der Nugget Tsil) zu sehen – Lebensraum u. a. von *Lacerta v. viridis, Podarcis m. muralis* und *Vipera ammodytes ammodytes*. *Foto: Martin Dieckmann*

Sillians-la-Cascade (Südfrankreich), ist der Lebensraum von *Lacerta bilineata*. Gerade im wärmeren Verbreitungsgebiet findet man die Eidechsen häufig in der Nähe von Wasser. Auch beim Bau von Terrarien muss daran gedacht werden. *Foto: Martin Dieckmann*

Smaragdeidechsen sind meist scheu. Wer sie beobachten oder fotografieren möchte, muss Geduld mitbringen. Hier lässt sich ein Jungtier selbst aus nächster Nähe ablichten. *Foto: Jürgen Lehmann*

Wer sich Zeit nimmt und sich im Feld ruhig verhält, kann Smaragdeidechsen näher kommen als man denkt. Dieses Tier wurde in der Nähe der Grenze zu Bosnien-Herzegowina bei Korenica (Kroatien) fotografiert. *Foto: Martin Dieckmann*

im Jahr 2002 bereits Mitte Februar erste Männchen am Bitzenberg bei Bickensohl beobachten. Männliche Zauneidechsen (*Lacerta agilis*) waren ebenfalls schon aktiv, die wir allerdings am Badberg sahen. Die stark besonnten Lavaböden speichern beträchtliche Wärmemengen, und wirken daher selbst an kühlen Frühlings- und Herbsttagen sowie vor Regenschauern wie Öfen. Durch die Bodenvegetation wird der Wind stark abgebremst. Die Temperaturen erreichen in Bodennähe in den ersten warmen Frühlingstagen bereits Werte von über 30° C (eigene Messungen am Badberg). Wie schon erwähnt erscheinen die männlichen Tiere zuerst; gefolgt von den Weibchen bzw. erst zuletzt die Jungtiere. Nach Abschluss der Frühjahrshäutung beginnen die Männchen mit dem Paarungsverhalten. Ab Mitte Juni bis Ende Juni – wenn die Fortpflanzungsphase abklingt – schließt sich die sommerliche Jagdphase an. Deren Beginn und Ende werden ungefähr durch die Frühsommer- bzw. Herbsthäutungen bestimmt (ELBING 2001a). Die häufigsten Funde erwachsener Smaragdeidechsen erfolgten zwischen Anfang April und Ende Juni (LAUFER et al. 2007). Die ersten Tiere suchen bereits Mitte September ihre Winterquartiere auf; die letzten sind dann meist Anfang Oktober verschwunden. Jungtiere sind solange wie möglich aktiv. Normalerweise sind sie bis Ende Oktober anzutreffen und erhöhen somit ihre Überlebens- bzw. Überwinterungschancen.

Die Aktivität beginnt am Morgen nach der Erwärmung des Bodens. Am Mittag erreicht die Aktivität ein Maximum und endet in der Regel am Abend vor Sonnenuntergang. Vor allem in den Monaten März bis Mai – manchmal auch Anfang bis Mitte Oktober (z. B. nach verregneten Sommern) – kann man die Smaragdeidechsen häufig beim Sonnenbaden beobachten.

In den heißesten Monaten des Jahres kommt es über die Mittagszeit zu einer Ruhephase, so dass sich die Eidechsen in kühlere Bereiche (z. B. unter Sträuchern oder Steinen) zurück ziehen.

Dieses Tier kam erst kürzlich aus der Winterruhe hervor. Erst nach der ersten Frühjahrshäutung erstrahlen sie wieder in ihren schönsten Farben. *Foto: Martin Dieckmann*

Die Begleitherpetofauna ist je nach Verbreitungsgebiet unterschiedlich und oft vielfältig. Neben verschiedenen Amphibienarten findet man auch Schlangen in unmittelbarer Nähe. Das betrifft vor allem die südlichen Länder in denen sie leben. Fast immer jedoch sind sie vergesellschaftet mit anderen Eidechsenarten. In Passau und Umgebung findet man Smaragdeidechsen fast immer vergesellschaftet mit der Italienischen Mauereidechse *Podarcis muralis nigriventris*. Auf diesem Foto ist ein Pärchen in Paarungsstimmung. *Foto: Jochen Zauner*

In ihrem Lebensraum haben Smaragdeidechsen eine Lebenserwartung von etwa 10 bis 12 Jahren. Die Mortalitätsrate liegt bei Jungtieren im ersten Jahr zwischen 82 und 90 %, in ungünstigen Jahren kann sie auch 100 % betragen (CABELA et al. 2001).

Wenn man die wichtigsten Grundregeln bei der Pflege von Smaragdeidechsen beachtet, können sie ein erstaunliches Lebensalter erreichen. So gibt BANNERT (1998) für im Terrarium gehaltene *Lacerta viridis* ein Alter von 17 Jahren an.

Noch vor der eigentlichen Paarungszeit sonnen sich die Paare gemeinsam und nutzen gemeinsam die gleichen Schlupfwinkel. Dieses wunderschöne *Lacerta viridis* Pärchen fand Jochen Zauner im Flusstal der Socá in Slowenien.

Melancholische Erinnerungen an das Mittelalter weckt Due Castelli, die Ruinenstadt Dvigrad im Westen Istriens, die seit einer Pestepidemie im 17. Jahrhundert in einen Dornröschenschlaf versunken ist. Aus den Fugen der Festungsmauern wuchert an vielen Stellen wild der Efeu. Hier und da liegt ein Stück Fenstersturz oder ein steinerner Wassertrog zwischen den uralten Bausteinen aus weißem Kalk. *Foto: Jochen Zauner*

Wie alt jedoch die Smaragdeidechsen hier werden, dürfte wohl ein Geheimnis bleiben. *Foto: Jochen Zauner*

Ein wunderschönes Riesensmaragdeidechsenmännchen aus dem Hinterland Dalmatiens. Hier werden die Tiere nur selten gestört. *Foto: Martin Dieckmann*

5 SCHUTZ UND FEINDE

Smaragdeidechsen sind – wie alle Reptilien und Amphibien Europas – nach der Bundesartenschutzverordnung (BArtSchV) geschützt. Jedes Tier ist bei der zuständigen Naturschutzbehörde anzumelden. Es muss dazu ein Herkunftsnachweis vorgelegt werden. Des Weiteren sind Smaragdeidechsen in Anhang IV der FFH-Richtlinie (Fauna-Flora-Habitat-Richtlinie) aufgeführt. Diese bezieht sich nur auf wildlebende Tiere, bei denen eine Ausnahmegenehmigung vom Besitz- und Vermarktungsverbot erforderlich ist.

Während die beiden Smaragdeidechsenarten in ihren Hauptverbreitungsgebieten Süd- und Südosteuropas nicht unmittelbar gefährdet sind, laufen in manchen Ländern wie in Deutschland und in der Schweiz verschiedene Artenschutzprogramme. Erhaltung und Vernetzung der einzelnen Populationen haben hier Vorrang, denn die meisten Populationen leben auf begrenztem Raum und sind zudem meist isoliert. Es würde sicherlich den Rahmen dieses Buches sprengen, hier nun alle Gefahren aufzuzählen, denen die beiden Smaragdeidechsenarten ausgesetzt sind. Wesentliche Hauptgefährdungspunkte sind jedoch Flurbereinigungsmaßnahmen sowie der Einsatz von Pestiziden, die wohl kein direkten Einfluss auf die Eidechsen haben, jedoch das Nahrungsangebot dezimieren dürften. Auch das Verbuschen ganzer Lebensräume stellt eine große Gefahr da. Oft werden Bäume und Sträucher angepflanzt und beschatten so immer mehr die Eidechsen-Biotope.

Auch so kann Naturschutz aussehen. Die Äskulapnatter ist in Österreich gefährdet. Die Hornotter ist sogar vom Aussterben bedroht. Sie zählen zu den gefährdetsten Schlangenarten durch Landschaftszersiedelung, Lebensraumvernichtung, Nutzungsintensivierung, Biotopisolation, direkter Verfolgung u.v.m. Dies trifft natürlich auch für die Smaragdeidechse zu, die hier im gleichen Lebensraum lebt. Diese Schilder wurden in Kärnten an einer Autobahnraststätte aufgestellt. *Fotos: Martin Dieckmann*

Ein weiterer Punkt ist die schon bereits erwähnte Verinselung der Lebensräume. Nicht zu unterschätzen ist zudem das Absammeln von Tieren für die Terrarienhaltung. Die natürlichen Hauptfeinde dürften vor allem große Schlangen wie Eidechsennattern (*Malpolon sp.*) und

Schlingnattern sind gebietsweise gar nicht so selten. Aber aufgrund ihrer versteckten Lebensweise sind sie nur selten zu beobachten. Die Donauleiten, woher auch dieses Tier aufgenommen wurde, sind ein Naturschutzgebiet von nationaler Bedeutung. Dies liegt an ihrer herausragenden Schönheit und Einzigartigkeit, ihrer natürlichen Lebensräume mit ihren Lebensgemeinschaften wie Felsen, Wildbäche und Wälder, ihrer seltenen Pflanzen und Tiere und ihrer arealgeografischen Funktion als Hauptwanderachse zwischen Mittel- und Südosteuropa. Ein wichtiges Schutzziel des Naturschutzgebietes ist der Erhalt und die Entwicklung der Reptilienlebensräume. Zum Schutz der Reptilien dürfen in der Zeit vom 1. Mai bis 31. August unbewaldete Bereiche der Steilhänge sowie Streifen von 20 m beiderseits der südseitigen Waldränder abseits der Wege nicht betreten werden. Hier befindet sich die größte Reptilienvielfalt Deutschlands. Natürlich lebt hier auch die Smaragdeidechse. *Foto: Jochen Zauner*

Die Eidechsennatter *Malpolon monspessulanus* ist eine geschickte und äußerst schnelle Schlange. Sie ernährt sich auch von Smaragdeidechsen. Dieses Prachtexemplar stammt aus Kroatien, wo die Auswahl an Eidechsen groß ist. *Foto: Sven Becker*

In manchen Gebieten, in denen auch Smaragdeidechsen leben, haben Katzenpopulationen stark zugenommen. Sie können Eidechsen-Populationen schwächen. Vor allem auf Inseln trifft dies zu. *Foto: Martin Dieckmann*

Leider fallen sehr viele Smaragdeidechsen dem Straßenverkehr zum Opfer. Diese Riesensmaragdeidechse wurde auf einer Straße am Fuße des Südlichen Velebitgebirges im Norden Dalmatiens überfahren. *Foto: Martin Dieckmann*

In diesen einsamen Höhenzügen des Luberon-Regionalpark (Frankreich) leben Smaragd- und Perleidechsen eng beieinander. Sie sind hier bevorzugte Beute für den Schlangenadler, der auf Bäumen in der Gipfelregion brütet. Häufig kann man ihn dicht über dem Boden im Such- oder Rüttelflug jagend beobachten.
Foto: Martin Dieckmann

Im gleichen Biotop lebt der Südfranzösische Sandläufer *Psammodromus edwardsianus*. *Foto: Martin Dieckmann*

Vierstreifennatter (*Elaphe quatuorlineata*) sein. Aber auch verschiedene Zornnatter-Arten (*Hierophis sp.*) sowie Schlingnattern (*Coronella sp.*). Die bei uns heimische Schlingnatterart *Coronella austriaca* ernährt sich in Smaragdeidechsengebieten vor allem von kleinen bis halbwüchsigen Echsen. Verschiedene Raubvögel (u. a. Schlangenadler) erbeuten ebenfalls Eidechsen.

Der Nationalpark Bugac (Ungarn) hat nicht nur die Aufgabe als „Genbank" zur Erhaltung alter ungarischer Haustierrassen beizutragen. Geschützt sind auch Smaragd-, Zaun- und Taurische Mauereidechse. Die Smaragdeidechsen dort bleiben meist etwas kleiner, wie die z. B. in Deutschland. Auf diesem Foto ist ein hübsches Weibchen abgebildet. *Foto: Jürgen Sämann*

Nicht alle Smaragdeidechsenarten werden in den heimischen Terrarien gepflegt. *Lacerta pamphylica* findet man eher selten in menschlicher Obhut. Übrigens ist der Artstatus dieser Spezies keineswegs zweifelsfrei belegt. *Foto: Siegfried Troidl*

6 HALTUNG IN MENSCHLICHER OBHUT

Es sei gleich zu Anfang darauf hingewiesen, dass die beiden Smaragdeidechsenarten – wie alle mitteleuropäischen Reptilien – am besten in einem Freilandterrarium aufgehoben sind. Aufgrund ihrer ökologischen Lebensansprüche gedeihen die Tiere in einer Freilandanlage einfach besser. Dort steht ihnen zudem ein geeignetes Überwinterungsquartier zur Verfügung, sodass man die Eidechsen das ganze Jahr über im Freien belassen kann. Der Vollständigkeit halber werde ich jedoch auch auf die Zimmerhaltung eingehen.

FREILANDTERRARIUM

Sicherlich haben die meisten Tierfreunde, die sich für Smaragdeidechsen interessieren, diese faszinierenden Reptilien auch schon einmal in ihrem Lebensraum an der Mosel, am Rhein, am Kaiserstuhl oder in den südlichen Ländern Europas, wo ihr Hauptverbreitungsgebiet liegt, beobachtet. Ich möchte alle Smaragdeidechsenhalter von der Pflege in einer Freilandanlage überzeugen. Denn gerade im eigenen Garten lohnt es sich, ein möglichst naturgetreues „Habitat auf dem eigenen Grundstück" zu errichten. Das Beobachten der Tiere ist dort viel spannender als in einem (meist klein) eingerichteten Zimmerterrarium.

Natürlich sind wir nicht in der Lage, unseren Smaragdeidechsen die exakten Verhältnisse und Lebensbedingungen wie in der Natur zu bieten. Dennoch besteht die Möglichkeit, die natürlichen und biologischen Verhältnisse mit etwas Mühe nachzuahmen. Zwar ist auch der künstliche Lebensraum im Freilandterrarium begrenzt. Aber häufig ist er – wie bereits erwähnt – meist erheblich größer als in einem Zimmerterrarium. Daher können sich die Eidechsen im Außengehege deutlich mehr bewegen. Auch die eigenständige Jagd nach Insekten wird durch einen kleinen „Sprint" oder durch einen kräftigen Sprung ausgeführt. Ihr Muskelaufbau bleibt dadurch erhalten und bildet sich nicht zurück. Smaragdeidechsen sind heliophile (sonnenliebende) Reptilien. Trotz neuester Technik wird es nicht gelingen, die Intensität

Manche Halter verstehen ihr Handwerk. Dieses vorbildlich eingerichtete Freilandterrarium beinhaltet Iberische Smaragdeidechsen, die hier ganzjährig gepflegt werden. *Foto: Martin Dieckmann*

Gut strukturiertes Freilandterrarium mit Flusslauf. In den größeren Freilandterrarien des Autors wird beim Bau immer Wasser mit eingeplant (in Form eines Teiches, Wagenspur usw.). *Foto: Martin Dieckmann*

Ein in drei Schritten gebautes Freilandterrarium für Lacertiden; darunter auch für Smaragdeidechsen.
Fotos: Jürgen Sämann

des natürlichen Lichtes in unsere Zimmerterrarien zu bringen. Ohne ausreichend Licht – ob künstlich oder natürlich – gehen uns die Tiere nach kürzester Zeit zugrunde. Licht ist für alle Reptilien ein unentbehrlicher Lebensfaktor. Dies muss unbedingt beachtet werden, sonst gedeihen sie schlecht oder gar nicht. Während wir noch in der Lage sind, die Wärme der Sonne mit bestimmten Heizquellen nachzuahmen, dürfte dies mit den Sonnenstrahlen, die benötigt werden um das für die Eidechsen lebenswichtige Vitamin D3 zu bilden, nur schlecht gelingen. Sonnenstrahlen beugen Krankheiten vor und heilen sie. Ein weiterer wichtiger Faktor neben der Lichtintensität in einem Freilandterrarium ist die gute Versorgung mit Frischluft. Auch die natürlichen Temperaturschwankungen zwischen Tag und Nacht wirken sich positiv auf die Eidechsen aus. Gleiches gilt für die jahreszeitlichen Schwankungen der Tageslängen.

Um optimale Verhältnisse für eine Freilandhaltung zu erzielen, spielt die Lage, Größe und Einrichtung eine wichtige Rolle. Das Freilandterrarium sollte in einer ruhigen und geschützten Stelle des Gartens aufgebaut werden. Wie bereits erwähnt, benötigen die Tiere viel Licht. Befinden sich Bäume und/oder Gebäude in der Nähe, so ist deren Schatteneinfall zu beachten. Das gilt aber nicht nur für die Sommermonate, sondern für das ganze Jahr. Vor allem für die „lichtarme" Zeit, aber natürlich nur dann, wenn die Tiere auch die ganze Zeit über dort verbleiben können. Wichtig ist, dass vor allem die Morgen- und Abendsonne ungehindert in die Freilandanlage hineinscheinen kann. Zu dieser Zeit des niedrigen Sonnenstandes sind die Schatten um ein Vielfaches länger als zu anderen Zeiten. Natürlich ist dies auch für die dort wachsenden Pflanzen wichtig, vor allem dann wenn es sich um mediterrane Gewächse handelt.

Fremde Blicke und ungebetene Zaungäste sind nicht außer Acht zu lassen, denn Diebstahl von Tieren kommt immer wieder vor. Es empfiehlt sich also seine Anlage so anzulegen, dass keine fremden Personen hinein schauen können, die das Hobby schnell trüben können.

Während zu kleine Behälter – vor allem im Sommer – zu einer zu warmen und zu trockenen Haltung führen können, wird in größeren Freilandanlagen doch eine „leichtere Feuchtigkeit und Temperatur" ermöglicht. Dadurch sind auch in der warmen Zeit kühle und feuchte Bereiche vorhanden. Zwar ist Sonne für die Tiere lebensnotwendig, es ist jedoch ein Irrtum zu glauben, Smaragdeidechsen benötigten keinen Schatten. Dieser ist Lebensnotwendig! In der heißen Jahreszeit können sich in den Freilandanlagen sehr hohe Temperaturen entwickeln, die schnell letale Folgen haben können. Die Eidechsen müssen die Möglichkeit haben, sich in den Schatten zurückziehen zu können (siehe Kapitel „Einrichtung und Technik").

Die Größe des Freilandterrariums spielt in mehrerer Hinsicht eine wichtige Rolle. Zunächst sollte man sich vor dem Bau eines Terrariums im Klaren sein, wie viele Smaragdeidechsen – und gegebenenfalls noch andere Tiere – man dort hineinsetzten möchte. Denn jedes Tier benötigt ausreichend Platz. Grundsätzlich könnte man sagen: Je größer das Freilandterrarium ist, desto besser. Für die dort zu pflegenden Arten ist dies sicherlich auch von Vorteil, aber dennoch sollte man auch den Überblick über die Anlage behalten. Auch gestaltet sich die Suche nach Gelegen in einem sehr großen Gehege schwierig. Zudem muss auch daran gedacht werden, dass der Behälter mit einem Netz oder Gitterrahmen abgedeckt werden sollte, um so das Eindringen von Feinden zu verhindern. Für die Haltung von einem ausgewachsenen Männchen und Weibchen empfehle ich eine Fläche von mindestens 1x2 m.

Für den Bau einer Freilandanlage kommen die verschiedensten Materialien in Betracht, die im Baumarkt erhältlich sind. Zur Auswahl stehen z. B. Holz, Kunststoffe, Beton, Steine, Metall und Glas. Wichtig ist von vornherein an eine Drainage zu denken, sodass der Boden entwässert werden kann. Schotter oder Kies hat sich hierfür bewährt und verhindert gleichzeitig das Eindringen ungebetener Gäste, wie zum Beispiel Wühlmäuse. Natürlich muss ein Freilandterrarium nicht nur von unten, sondern auch von oben gesichert werden, um Eindringlinge fernzuhalten (z. B. eine Rahmenkonstruktion mit einem Gitter) und ein Entweichen der Pfleglinge zu verhindern (z. B. von innen angebrachte Abweiskanten). Solche Schutzkonstruktionen sind sicherlich nicht gerade schön, aber unabdingbar um den Verlust seiner Pfleglinge zu verhindern. Hier kommt es in erster Linie natürlich auf die Größe des Behälters an. Handelt es sich um größere Anlagen, kann ein Netz als Schutz dienen. Bei kleineren Freilandterrarien baut man einen Rahmen mit einem Drahtgeflecht. Das Geflecht sollte nicht zu klein und nach Möglichkeit schwarz oder grün sein, da man bei dieser Farbe am besten hindurchschauen kann. Als Schlechtwetterschutz kann eine Folie dienen, die man bei Bedarf über das Terrarium rollt. Hier sollte man jedoch nur eine Hälfte abdecken, damit auch weiterhin genügend Luft zirkulieren kann.

ZIMMERTERRARIUM

Smaragdeidechsen benötigen zur artgerechten Haltung ein geräumiges Trockenterrarium. Vor dem Kauf oder Zusammenbau des Terrariums muss zunächst einmal über die Größe nachgedacht werden, wie bereits im vorherigen Abschnitt beschrieben. Das Bundesministerium für Ernährung, Landwirtschaft und Forsten (BML 1997) hat ein Gutachten über die Mindestanforderung über die Haltung von Reptilien veröffentlicht, in denen auch die Mindestmaße eines Terrariums für Eidechsen der Gattung *Lacerta* geregelt sind. Dieses soll für ein Pärchen Smaragdeidechsen 6x4x4 (L x B x H) multipliziert mit der Kopf-Rumpf-Länge (KRL) betragen. Für jedes weitere Tier sind zusätzlich 15 % der Maße hinzuzurechnen. Bei einer KRL von etwa 11 cm ergäbe sich für ein Pärchen Smaragdeidechsen eine Mindestgröße von 66x44x44 cm. Dies sind jedoch absolute Mindestmaße für diese flinken Eidechsen. Nach oben hin sind sicherlich

Die besten Ideen zur Gestaltung eines Terrariums sucht man sich im natürlichen Lebensraum der jeweilig zu haltenden Eidechsen. *Foto: Sven Becker*

keine Grenzen gesetzt, vorausgesetzt man hat noch eine Übersicht über das Terrarium und ist in der Lage, es noch ausreichend erwärmen und beleuchten zu können. Ein Terrarium mit den Maßen 100x50x50 cm für ein Männchen und ein Weibchen reicht meiner Erfahrung nach aus, damit sich die Tiere ausreichend bewegen können. Darin lassen sich genug Versteckplätze und Sichtbarrieren einbauen, die den Tieren ein sicheres Gefühl geben.

EINRICHTUNG UND TECHNIK

Je mehr Materialien zur Einrichtung einer Freilandanlage zur Verfügung stehen, desto besser. Baumstämme, Korkrinden, alte Wurzeln, Sträucher, Gräser, Steine – die Liste lässt sich ohne weiteres fortsetzten. Die Einrichtung dient als Schutz vor Regen, Hitze, Wind und Kälte, zum Sonnen, Klettern, Verstecken, als Sichtbarriere, zum Ruhen usw. Einrichtung und Gestaltung sollte sich an den Lebensraum der Eidechsen orientieren. Natürlich hat auch jeder Pfleger seinen eigenen Geschmack. Wer schon einmal im Lebensraum einer Smaragdeidechse gewesen ist, hat es leicht hier seine visuellen Gedanken mit nach Hause zu nehmen und sich ein Freilandterrarium für Smaragdeidechsen einzurichten. Natürlich wird es uns unmöglich bleiben, eine vollkommene Nachbildung des Lebensraums nachzuahmen. Aber mit etwas Mühe

Im „Village des Tortues", dem Schildkrötendorf im Mauren Massiv Südfrankreichs, kann man auch Smaragdeidechsen beobachten. Dort sind die Tiere allerdings recht scheu. Sie benötigen – wie im Lebensraum auch – im Terrarium viel Deckung.
Foto: Jürgen Lehmann

Von Anfang an muss beim Bau eines Freilandterrariums an alles gedacht werden, um Eidechsen artgerecht unterzubringen. Dieses Foto zeigt kurz vor der Fertigstellung eine vorbildliche Freilandanlage für Lacertiden (gebaut in einem Steinbruch).
Foto: Jürgen Sämann

können da schon sehr schöne Miniaturlebensräume im eigenen Garten entstehen, die nicht nur den Eidechsen gefallen werden.

Versteckplätze werden nicht nur nachts zum Schlafen aufgesucht. Ist das Wetter trüb oder werden die Sonnenstrahlen zu intensiv, ziehen sich die Tiere dorthin zurück. Unter einer großen aufliegenden Baumwurzel kann man eine Grube anlegen, die den Eidechsen Schutz bietet. Soll die Grube gleichzeitig als Winterquartier dienen, muss sie mindestens 100 cm tief sein. Eine Drainage ist hier unabdingbar, damit das überschüssige Regenwasser abfließen kann (bedenken Sie bitte, dass an sonnigen Wintertagen über dem Winterquartier befindlicher Schnee innerhalb von nur wenigen Stunden geschmolzen sein kann!). Anschließend füllt man das Loch mit verschiedenen Materialien wie z. B. alten Dachziegeln, Tonröhren, Moos und trockenem Falllaub auf. Haben die Eidechsen erst einmal ihren Unterschlupf gefunden und kennen gelernt, suchen sie ihn regelmäßig auf.

Die Rückwand und – je nach Bau auch eine oder beide – Seitenwände der Zimmer- und Freilandanlagen sollten eine Struktur aufweisen, die es den Tieren ermöglicht dort klettern zu können. Dadurch vergrößert sich die Fläche im Terrarium erheblich. Styroporplatten werden an die

Wände geklebt und mit einer Heißluftpistole verformt und anschließend mit Flex Kleber (Fliesenkleber) mehrere Schichten eingestrichen. Auf diese einfache Art kann man Rückwände naturgetreu nachbauen. Nach dem letzten Anstrich wird der noch feuchte Kleber mit trockenem Sand beworfen. Dies verleiht der Wand nicht nur ein natürlicheres Aussehen, sondern bietet den Smaragdeidechsen auch einen rauen Untergrund zum besseren klettern. Wurden bei der Rückwandgestaltung Vertiefungen mit eingebaut, lassen sich dort noch Gewächse wie z. B. Gräser einpflanzen. Ein weiterer Baustoff zum Imitieren von Felswänden ist Epoxidharz. Bei der Verarbeitung ist jedoch genau auf die Hinweise des Herstellers zu achten.

Es ist wichtig, dass den Tieren ständig Wasser zur Verfügung steht. Sicherlich würde hier ein Trinkgefäß mit sauberem frischem Wasser ausreichen. Jedoch verdunstet das Wasser recht schnell bzw. die Tiere verschmutzen es häufig. Abhilfe schafft ein Teich, dessen Größe sich nach der Größe des Freilandterrariums richtet. Hat man die Möglichkeit sich einen naturnahen Teich im Freilandterrarium einzurichten, ist es ohne weiteres möglich, hier auch Amphibien mit zu vergesellschaften, wie z. B. die Wechselkröte (*Bufo viridis*). Auch werden durch das Wasser viele weitere Insekten und anderes Getier angezogen, die wiederum den Eidechsen als Nahrung dienen können. Man wird sich wundern, wie oft sich die Smaragdeidechsen am Wasser und sogar des Öfteren darin aufhalten. Vor allem im Sommer ist dies eine willkommene Abkühlung. Mit einigen Wasserpflanzen wie z. B. Sumpfvergissmeinnicht, Froschlöffel, Tannenwedel, Brunnenkresse usw. lässt sich hier ein weiteres Miniaturbiotop schaffen.

Hat man den richtigen Standort gefunden und die Anlage steht in einer südexponierten Hanglage, wird man häufiger Probleme haben, die Eidechsen vor Überhitzung zu schützen, als dass sie zu niedrigen Temperaturen ausgesetzt sind. Trotzdem ist es nicht immer möglich, eine Freilandanlage optimal auszurichten. Daher ist von vornherein an einen Stromanschluss zu denken, um verschiedene Licht- und/oder Wärmequellen installieren zu können. Wird innerhalb des Behälters eine Steckdose angebracht, hat man die Möglichkeit immer wieder Lampen o. Ä. austauschen zu können. Die Steckdose kann dann von außen über einen Schalter oder durch einer Zeitschaltuhr gesteuert werden. Aber Achtung: Elektroinstallationen dürfen nur von einem Elektrofachmann durchgeführt werden!

ERWERB, BESATZDICHTE UND VERGESELLSCHAFTUNG

Normalerweise bereitet es keine großen Probleme, Smaragdeidechsen zu erwerben. Hier handelt es sich zum größten Teil um Nachzuchten von erfahrenen Pflegern; und das ist auch gut so. Ich möchte gleich zu Anfang darauf hinweisen von Wildfängen Abstand zu nehmen. Die Nachteile gegenüber Nachzuchten überwiegen bei weitem. Möchte man mehr über seine erworbenen Tiere erfahren, so sollte man den Züchter am besten direkt besuchen, um sich ein Bild über die Haltung der Eidechsen zu machen. Dort erhält man auch weitere wichtige Informationen, wie z. B. über Pflegemaßnahmen. Fragen können direkt vor Ort gestellt werden, was wiederum hilft, Fehler zu vermeiden. Ganz wichtig ist es hier die genaue Unterart sowie das Herkunftsland der Ursprungstiere in Erfahrung zu bringen. Gerade für die Freilandhaltung ist sehr von Vorteil zu wissen, ob die Tiere nun z. B. vom Kaiserstuhl oder aus Apulien (Italien) stammen. Die meisten gehaltenen Smaragdeidechsen scheinen jedoch ursprünglich aus den Mittelmeerländern zu entstammen.

Gelangt man an Smaragdeidechsen, die der Natur entnommen wurden (Wildfänge), so sind Probleme vorprogrammiert. Meistens befinden sie sich in einen erbärmlichen Gesundheitszustand, so dass oft keine Rettung mehr besteht. Zu 99 % kann man davon ausgehen, dass der Ort, an dem die Eidechsen gefangen wurden, nicht zu ermitteln ist und man somit keinen Hinweis auf die Unterart erhält und sich somit kein Bild über die erforderlichen Haltungsparameter machen kann. Um möglichst gesunde Smaragdeidechsen zu erwerben, kann der äußere Gesamteindruck schon erste Hinweise liefern. Das Gleiche gilt für dehydrierte (ausgetrocknete) Tiere, die meistens an den hervorstehenden Beckenknochen, den eingefallenen Augen und den aufstehenden Hautfalten gut zu erkennen sind (siehe Kapitel „Gesundheit“). Ein weiterer wichtiger Hinweis auf den Gesundheitszustand der Tiere kann deren Aufmerksamkeit und Verhalten geben, wobei dies allerdings in zu kleinen oder zu kalten Behältern wiederum nicht gut überprüft werden kann. Auch bei folgenden Anzeichen sollte vom Erwerb der Tiere abgeraten werden: Wirbelsäulenverkrümmungen, Kiefererweichungen, unregelmäßige Atmung sowie Verletzungen z. B. der Mundschleimhaut. Sicherlich gibt es Eidechsen mit Schäden, die man trotzdem kaufen kann. Oft machen solche Schäden dann jedoch eine Behandlung erforderlich, z. B. verschleimte Nasen, Ektoparasiten (Außenparasiten). Für Neueinsteiger in die Haltung von Eidechsen sind solche Tiere allerdings eher ungeeignet.

Smaragdeidechse aus dem Nahetal. *Foto: Jürgen Sämann*

Aber auch bei Nachzuchten sollte man ein Auge auf die Tiere haben, die man bekommt. Auch Jungtiere sind – genau wie ihre Eltern – sehr aufmerksam und haben meistens eine gewisse Scheu. Das Verhalten der Jungtiere während der Fütterung kann einen Hinweis auf den Gesundheitszustand geben, wenn man z. B. Fruchtfliegen oder Ofenfischchen anbietet. Die Jungen stürzen sich gierig auf das Futter und fressen dieses hastig.

Werden Smaragdeidechsen transportiert, so haben sich luftdurchlässige Leinenbeutel bewährt. In ihnen verhalten sich die Tiere ruhiger als in manchen Plastikbehältern. Jedes Tier bekommt natürlich seinen eigenen Beutel. In der kälteren Jahreszeit sollte man den Beutel noch zusätzlich in eine Styroporbox.

Smaragdeidechsen werden im Terrarium recht zutraulich. Bietet man ihnen genug Versteckplätze, und fühlen sie sich dort sicher, gewöhnen sie sich meist innerhalb kurzer Zeit ein. Natürlich gibt es auch hier Individuen, bei denen eine Eingewöhnung nicht möglich ist, dies ist jedoch die Ausnahme. Schnell lernen die Tiere, wo es etwas zu fressen und zu trinken gibt. Einer Heuschrecke – mit der Pinzette oder aus der Hand des Pflegers gereicht – können nur die wenigsten Smaragdeidechsen wiederstehen. Man sollte sich von Anfang an angewöhnen, hastige Bewegungen zu vermeiden. Das verhindert ein erschrecken bzw. ein fliehendes Tier, das sich in einem doch eher kleinen Behälter (wie z. B. ein Quarantäneterrarium) schnell Verletzungen zufügen kann. Natürlich bleiben die Fluchtinstinkte der Tiere erhalten. Ist dies nicht mehr der Fall, muss ihre Gesundheit überprüft werden. Gleiches gilt für das Verhalten in der Freilandhaltung. Hier kann man immer wieder beobachten, wie sich die Eidechsen in ihre Verstecke zurückziehen, wenn beispielsweise Gefahr aus der Luft droht (wie z. B. durch eine Elster). Nähert sich der Pfleger dem Terrarium, so bleiben sie meist an ihrem Platz. Sie sind dabei aber immer aufmerksam und zur Flucht bereit. Bietet man den Tieren Futter an, so ist es meist gänzlich vorbei mit dem scheuen Verhalten.

Bei einem gut strukturierten Freilandterrarium mit vielen Versteck- und ausreichend Sonnenplätzen lassen sich Kleinlacertiden, wie diese *Pordarcis melisellensis*, gut mit Smaragdeidechsen gemeinsam vergesellschaften. *Foto: Martin Dieckmann*

Mehrere Männchen sollten nicht zusammen gehalten werden, da sie Reviere bilden und keine anderen Männchen hierin dulden. Aber auch bei den Weibchen können Probleme untereinander auftreten. Hier sollten gleich zu Anfang alle Insassen gut beobachtet werden. Mehr als zwei Weibchen sollten mit einem Männchen jedoch nicht gehalten werden. Es ist darauf zu achten, dass sich die Weibchen während der Trächtigkeit nicht gegenseitig stören und genügend Eiablageplätze vorhanden sind. Wird eine Eidechse unterdrückt, muss sie sofort aus dem Behälter entnommen werden, sonst stellt sie das Fressen ein und könnte ein Todeskandidat sein.

Smaragdeidechsen gewöhnen sich recht schnell an ihre neue Umgebung und an ihren Pfleger. Das gelingt aber nur, wenn sich der Pfleger dementsprechend ruhig verhält. Man wird aber auch feststellen – wenn man seine Tiere etwas näher kennen gelernt hat –, dass sie durchaus individuelle Eigenschaften entwickelt haben. Dies muss weder alters- noch geschlechtsabhängig sein. So gibt es ruhige, umgängliche und beim Näherkommen des Pflegers ruhig sitzenbleibende Tiere, die sich ohne weiteres berühren lassen. Das ist auch im natürlichen Lebensraum immer wieder einmal zu beobachten. Aber es gibt eben auch hektische, schnell flüchtende und sogar aggressive Exemplare. Darauf baut auch eine erfolgreiche Vergesellschaftung auf. Immer wieder liest man in der Literatur, dass grundsätzlich eine Haltung zusammen mit anderen Reptilien abzulehnen ist. So ist es mir immer wieder gelungen, ohne größere Probleme Smaragdeidechsen mit anderen Reptilien und auch Amphibien zusammen zu pflegen. Sicherlich gibt es immer wieder Auseinandersetzungen, die in erster Linie jedoch durch Futterneid entstehen und durch gut koordiniertes Füttern weitgehend behoben werden können. Vergesellschaftungen sind jedoch nicht selbstverständlich, und natürlich sind hier einige Faktoren wichtig und unbedingt einzuhalten. Männliche Smaragdeidechsen sind sehr territorial und bilden – wie bereits beschrieben – Reviere aus. Demzufolge dulden sie keine männlichen Artgenossen in ihrem Territorium. Gleiches gilt natürlich auch für die Terrarienhaltung. Aber auch bei den Weibchen kann es untereinander immer wieder zu Streitigkeiten kommen, vor allem wenn es darum geht Eiablageplätze für sich zu gewinnen, sind sie meist unverträglich untereinander und müssen sogar für diese Zeit eventuell getrennt werden. Hier ist es sicherlich von Vorteil, grundsätzlich eine paarweise Haltung in Betracht zu ziehen. Ist es erforderlich, die beiden Geschlechter zu trennen, z. B. weil das Männchen sich mit dem Weibchen immer wieder paaren möchte, so sollte das Männchen aus dem Behälter entfernt

Wie hier im Lebensraum bei Passau, lassen sich Mauer- und Smaragdeidechsen ohne Probleme auch im Freilandterrarium vergesellschaften. *Foto: Jochen Zauner*

werden. Zum einen, weil das ggf. trächtige Weibchen sowieso schon unter Stress steht. Zum anderen, weil es auch möglich sein kann, dass sich das Tier schon einen geeigneten Eiablageplatz gesucht hat, wo es in wenigen Tagen die Eier ablegen wird. Nach dieser Prozedur kann man versuchen, das Männchen wieder zu dem Weibchen zu setzen. Misslingt dies, muss dieser Versuch zu einem späteren Zeitpunkt wiederholt werden. Ist das Terrarium groß genug und sind dort genügend Strukturen und Einrichtungsgegenstände vorhanden, wo sich das Weibchen dem Männchen entziehen kann, ist eine Trennung oftmals nicht erforderlich. Es sollte darauf geachtet werden, dass bei einer Geschlechterzusammenstellung nur zuchtreife – d. h. am besten ausgewachsene – Tiere vergesellschaftet werden und sie auch miteinander harmonieren. Sind die Tiere zu jung und – vor allem bei den Weibchen – die Geschlechtsorgane noch nicht ausgereift, kann es zu einem frühzeitigen Tod kommen. Männliche Jungtiere sind spätestens dann zu trennen, wenn sie anfangen Reviere zu bilden.

Auf eine Vergesellschaftung mit nahe verwandten Arten, z. B. der Zauneidechse (*Lacerta agilis*), muss abgeraten werden, da es hier zu Hybridisierungen kommen kann.

Smaragdeidechsen lassen sich ohne Probleme mit anderen Reptilien zusammen pflegen. Diese Art der Vergesellschaftung sorgt immer wieder für Diskussionsstoff. Oft kann man hier noch die ein oder andere interessante Beobachtung machen. Natürlich müssen die Strukturen und Maße des Behälters den verschiedenen Arten gerecht werden. Dass die dort gepflegten Reptilien die gleichen ökologischen Ansprüche benötigen, dürfte selbstverständlich sein. Diese Zusammensetzungen können jedoch nur in geräumigen Terrarien oder aber vor allem in Freilandterrarien durchgeführt werden. So hat sich bei mir die Gemeinschaftshaltung von *Lacerta bilineata* und der Mauereidechse (*Podarcis muralis*) bestens bewährt. Aber auch mit anderen Kleinlacertiden wie der Ruineneidechse (*Podarcis siculus*), dem Karstläufer (*Podarcis melisellensis*) oder der Prachtkieleidechse (*Algyroides nigropunctatus*) lassen sie sich zusammen pflegen. Auch mit größeren Reptilien wie z. B. den Wirtelschwanzagamen aus der Gattung *Stellagama* und *Paralaudakia* lassen sie sich ohne weiteres zusammen halten. Weitere Vergesellschaftung von mediterranen Reptilien lassen sich bei LANGERWERF (1983) nachlesen.

Die Wüstenheuschrecke *Schistocerca gregaria* ist ein ideales Futterinsekt für praktisch alle Altersstufen. Wer sie selbst züchtet hat Futtertiere in allen Stadien vorrätig. Man kann sie aber auch im Handel erwerben. *Foto: Martin Dieckmann*

7 ERNÄHRUNG

In der Natur besteht die Hauptnahrung der Smaragdeidechsen vor allem aus Spinnen, Asseln und Insekten, wie Heuschrecken, Käfer und Grillen. Würmer, Schnecken, Wespen und Hummeln stehen ebenfalls auf ihrem Speisezettel. Bei der Zusammensetzung der Nahrung bestehen Jahreszeit- und biotopbedingte Unterschiede. Im Frühjahr werden eher Asseln, kleine Schnecken, Raupen und andere Insektenlarven gefressen. Im Spätsommer werden häufig Grillen und Heuschrecken bevorzugt (NETTMANN & RYKENA 1984). Junge Reptilien werden – ebenso wie die Jungtiere der eigenen Art – sicher des Öfteren von größeren

Smaragdeidechsen gefressen. Wahrscheinlich werden hin und wieder auch süße Früchte wie Walderdbeeren oder Brombeeren gefressen.

Mittlerweile ist es kein Problem mehr, sich mit den verschiedensten Futterinsekten einzudecken. Es stellt sich eigentlich nur die Frage, ob man diese selbst züchtet, sie im Handel kauft oder ob man sie fängt. Letzteres ist sicherlich recht zeitaufwändig; zudem muss man auf die Artenschutzgesetze achten. Viele Halter kombinieren diese Möglichkeiten – auf Dauer sicherlich die beste Lösung. So halten sich viele Pfleger nur ein oder zwei Futtertiersorten, während weiter Futtertierarten von Bekannten besorgt oder von Züchtern gekauft werden. Bei der Futtertierzucht ist es sicherlich besser, sich auf zwei Arten zu spezialisieren, als dass man den Überblick verliert und womöglich die Zuchten zusammenbrechen. Im Falle einer Zucht kann man zu jeder Jahreszeit auf diese Futtertiersorte zurückgreifen. Zudem ist dann Futter in allen Größen vorhanden. Durch das hinzugekaufte Futter, welches natürlich vor dem Verfüttern noch aufgewertet wird, hat man die Garantie seine Smaragdeidechsen trotzdem abwechslungsreich zu füttern. Welche Arten man jetzt züchtet oder zukauft, muss jeder selbst entscheiden und hängt von verschiedenen Faktoren wie z. B. Platzbedarf, Zeitaufwand und Kosten ab. Eine Zucht mit Ägyptischen Wanderheuschrecken ist im Gegensatz zu einer Mehlkäferzucht nicht nur teurer, sondern auch um Einiges zeitaufwändiger und benötigt auch mehr Platz. Auch im Zoofachhandel ist Lebendfutter in unterschiedlichen Größen zu bekommen.
Smaragdeidechsen sind gierige Fresser. Man sollte sich einen gewissen Rhythmus angewöhnen, die Tiere zu ernähren. Erwachsene Eidechsen sollten in der Woche schon mindestens einen bzw. besser zwei bis drei Fastentage einlegen, um einer Überfütterung und somit Krankheiten wie z. B. einer Fettleber vorzubeugen. Hinzu kommt, dass sich die Tiere im Freilandterrarium oftmals selbst ihr Futter fangen, was man sicherlich nicht immer

Je abwechslungsreicher das Futter ist, desto besser. Hier verzehrt ein Männchen gerade einen Engerling des Maikäfers. Diese findet man recht häufig unter Grasnaben. Auf Grund der Größe ist dieses Futter jedoch nur für ausgewachsene Smaragdeidechsen geeignet. *Foto: Martin Dieckmann*

Viele Menschen, die einen Garten haben, besitzen auch einen Komposthaufen. Dieser ermöglicht zahlreiche Futtertiere. Unter anderem leben darin Regenwürmer in großer Stückzahl und in allen Größen. Sie ergeben wertvolle Futtertiere, da sie einen hohen Kalkgehalt besitzen. Außerdem fördern sie aufgrund ihrer Bewegung den Jagdtrieb der Eidechsen. In Kaffeefilter und Kaffeesatz vermehren sich die Würmer besonders gut (dieses „Substrat" dient als Kinderstube). *Foto: Martin Dieckmann*

beobachtet. Heranwachsende Smaragdeidechsen sollten dagegen schon täglich gefüttert werden. Bei frisch geschlüpften Tieren erfolgt die Fütterung sogar mehrmals am Tag. Wichtig ist gerade bei Jungtieren, dass das Futter so klein wie möglich angeboten wird. Große Insekten jagen ihnen oftmals einen Schrecken ein und führen zu Stress. Sicherlich besteht bei zu großen Futterbrocken auch die Gefahr, dass eine Eidechse daran ersticken kann. Gefüttert werden sollte nur so viel wie auch tatsächlich gefressen wird. Dies gilt sowohl für die Freiland- wie für die Zimmerhaltung. Schnelle und springende Insekten wie Kurzflügelgrillen, Heimchen oder Steppengrillen sollten besser von Hand mit einer Pinzette gefüttert werden. Des Weiteren sind diese Futtertiere nachtaktiv und suchen schnell Verstecke auf, wo die Smaragdeidechsen sie nicht mehr erreichen können. Werden diese Futtertiere dann nachts

Eine Balkan-Riesensmaragdeidechse *Lacerta trilineata major* beobachtet seine Umgebung evtl. auch nach Beute. *Foto: Jochen Zauner*

Eigentlich zu Schade zum verfüttern. Jedoch besteht zu mancher Zeit ein Überfluss, vor allem an Jungtieren, dieser interessanten *Extatosoma tiaratum*. Der Autor zweigt hin und wieder so einen Leckerbissen von seiner Australischen Gespenstschrecken-Zucht ab.
Foto: Martin Dieckmann

Im Sommer locken die Wiesen mit vielen verschiedenen Insekten. Eine Abwechslung im Futterplan der Eidechsen, die sicherlich nicht schaden kann. Vorausgesetzt die Wiesen liegen nicht in der Nähe von Straßen. Unter Schutz stehende Insekten sind jedoch tabu und dürfen nicht gesammelt werden.
Foto: Martin Dieckmann

im Terrarium aktiv, so können sie an der Einrichtung und nicht selten auch an den Eidechsen Schaden anrichten. Heuschrecken können dagegen ohne Probleme in den Behälter gesetzt werden. Sie werden meist schnell von den Eidechsen bemerkt und sofort gejagt und anschließend gefressen. Würmer, Maden und auch Schaben sollten in glattwandigen großen Schalen wie z. B. Blumentopfuntersetzer angeboten werden, aus denen sie nicht entkommen können. In Freilandanlagen ist darauf zu achten, dass die Futtertiere in den Schalen keinem Regen ausgesetzt sind und so ertrinken.

Es gibt Phasen, bei denen die Eidechsen nicht unbedingt Nahrung aufnehmen, ohne dass man sich sofort sorgen muss. Zum einen betrifft das die Häutung, bei der vor bzw. während der Häutung das Fressen eingestellt wird. Zum anderen betrifft es trächtige Weibchen, die kurz vor der Eiablage stehen. Meistens sind sie aber auch schon an ihrem Leibesumfang zu erkennen. Nach der Eiablage nehmen sie dann das Futter wieder gierig an. Gerade während der Trächtigkeit ist es wichtig, dass Muttertier mit Mineralstoffen zu versorgen. Während

Bärenfalter sind eine Delikatesse für Smaragdeidechsen. Selbst Jungtiere schlagen sich schon mit solchen „Größen" herum. *Foto: Jochen Zauner*

der Winterruhe wird kein Futter angeboten. Eine Schale mit sauberem Wasser muss den Eidechsen immer zur Verfügung stehen. Auch in ihren Lebensräumen verweilen sie oft bei schlechtem Wetter in ihren Verstecken. In den Freilandanlagen wird dies ohnehin immer wieder einmal der Fall sein. Anschließend nehmen sie wieder gierig Futter an.

Neben einer vollwertigen und abwechslungsreichen Ernährung gehört auch eine regelmäßige Versorgung mit Mineralien. Die Gabe von Mineralstoffen und Spurenelemente ist kein Problem, sie können ohne Bedenken auch schon mal in größeren Mengen angeboten werden. Sie sind für den Stoffwechsel, aber auch für andere Körperfunktionen lebenswichtig. Der größte Anteil wird für den Knochenaufbau benötigt. Die Versorgung mit Calcium und Phosphor bei der Ernährung der Eidechsen ist außerordentlich wichtig. Probleme bei den Nachzuchten und zahlreiche Mangelerscheinungen stehen in Verbindung mit der Unterversorgung von diesen Elementen. Rachitische Jungtiere sterben nicht selten kurz vor dem Schlupf im Ei ab. Das benötigte Calcium-Phosphor-Verhältnis für einen gesunden Knochenaufbau liegt bei 1,2:1. Da Smaragdeidechsen nur tierische Kost zu sich nehmen, haben sie einen Überschuss an Phosphor, was wiederum eine Kalkunterversorgung zur Folge hat, die zu einer Demineralisierung des Knochenbaus führen kann. Zur Sicherung der Mineralstoffversorgung gibt es verschiedene Präparate, wie z. B. „Korvimin ZVT" oder „Vitakalk". Die Futtertiere werden mit einer kleinen Menge dieser Pulver in einer Dose gut vermischt und anschließend an die Eidechsen verfüttert. Das Präparat „Korvimin ZVT + Reptil" hat eine spezielle Zusammensetzung für Reptilien. Meiner Meinung nach scheint es den Tieren auch besser zu schmecken. „Vitakalk" ist zwar nicht so teuer wie „Korvimin", wird aber auch nicht so gerne von den Eidechsen gefressen und haftet auch schlechter an den Futtertieren. Mineralstoffe können aber auch über natürliche Produkte angeboten werden, wie z. B. Sepiaschale oder Taubengrit. Diese Produkte sollten ein fester Bestandteil in den Terrarien der Smaragdeidechsen sein. Dieser Futtermittel werden – lose auf dem Boden zerstreut –von Tieren aller Größenordnungen gern aufgenommen.

ZOPHOBAS-ZUCHT

Smaragdeidechsen haben einen enormen Appetit. Das „Futtermanagement“ ist nicht immer ganz so einfach. Abhilfe kann hier die Zucht von Zophobas Larven schaffen. Denn durch solch einer Futterzucht lassen sich meine Eidechsen mit Larven, Puppen und hin und wieder auch mit Käfer ernähren. Läuft die Zucht erst einmal, hat man praktisch Futter in allen Größen vorrätig, sodass man dann auch Juvenile sowie Halberwachsene satt bekommt. Zudem ist der Aufwand recht gering, kostengünstig und das Futter ist bei guter Anfütterung recht nahrhaft und gut verdaulich.

Zophobas-Larven eignen sich nur für ausgewachsene Smaragdeidechsen. *Foto: Jochen Zauner*

So vermehre ich die Art: Der sogenannte Riesenholzkäfer (*Zophobas morio* FABRICIUS 1776) benötigt, wie der Name schon sagt, zum Überleben Holz. Das Grundsubstrat, auf dem die Tiere leben, besteht aus einem Gemisch aus Sägemehl und Walderde. Auf diesem Substrat legt man altes verrottetes Holz, welches vorher tiefgekühlt wird, um ungebetene Gäste abzutöten. Das gleiche gilt für die Walderde. Dieses verwendete Holz dient als Nahrung, Eiablagestelle und als Wohnstätte der Riesenholzkäfer. Nach einigen Wochen ist dieses Holz zerfressen bzw. verfallen, sodass es erneuert werden muss. Als Feuchtfutter dienen Möhrenscheiben, aber nur soviel wie von den Futtertieren gefressen wird. Ansonsten hat man mit Milben zu kämpfen. Das Substrat sollte an einer Stelle immer etwas feucht sein, darf also nie ganz austrocknen. Larven verpuppen sich nur selten im Zuchtbehälter und müssen einzeln separiert werden. Empfehlen kann ich alte Filmdosen, in die etwas Substrat und die Larve hinein gelegt wird (Loch im Deckel nicht vergessen). Dort kann sich die Larve nach einigen Wochen verpuppen, bis dann der fertige Käfer entnommen werden kann. Hat man genug Käfer angesammelt, kann ein neuer Zuchtbehälter begonnen werden. Es ist temperaturabhängig, wie schnell ein Stadium durchlaufen wird. Meiner Erfahrung nach ist der Temperaturbereich zwischen 20° C und 25° C optimal.

Sicherlich ist die Zucht am Anfang etwas gewöhnungsbedürftig und man benötigt etwas Fingerspitzengefühl. Aus Erfahrung lässt sich jedoch sagen, dass hier das ganze Jahr über ein Futter zur Verfügung steht, welches ohne Einschränkung für die Eidechsen genutzt werden kann.

Nach der Überwinterung und der ersten Frühjahrshäutung finden die Paare zueinander. *Foto: Jochen Zauner*

8 WINTERRUHE

Reptilien sind poikilotherme Tiere, was bedeutet, dass ihre Körpertemperatur von der Umgebungstemperatur abhängig ist. Daher ist die Abhängigkeit der Umgebungstemperatur für alle Lebensäußerungen für den Organismus von grundsätzlicher Bedeutung und ergibt sich aus dem im Lebensraum herrschenden Klima.

Eine Überwinterung von Smaragdeidechsen ist unverzichtbar und sollte in der Terrarienhaltung durchgeführt werden. Es dient der Gesunderhaltung und artgemäßen Pflege der Tiere. Zudem ist die Überwinterung erforderlich um sicher zu gehen, dass sich die Tiere im Frühjahr paaren.

Im Lebensraum findet die Überwinterung von Mitte oder Ende Oktober bis März/April statt. Ich fand aber auch schon in Deutschland (Kaiserstuhl) erste Männchen bereits Ende Februar, die vor ihren Löchern die ersten Sonnenstrahlen aufnahmen. Zur Überwinterung suchen sie entsprechend ihren Bedürfnissen unterschiedliche, aber stets frostfreie Schlupfwinkel auf. Dies können Felsspalten, Erdlöcher, Legesteinmauern oder Höhlen sein.

Ich überwinterte meine Smaragdeidechsen zur Zeit der Zimmerhaltung je nach Zustand und Verhalten zwei bis drei Monate (von Ende November bis Ende Januar oder Februar). Zuerst wird für eine Woche das Futter komplett eingestellt, wobei die Tageslänge und die Temperaturen noch beibehalten werden. In dieser Zeit haben sie die Möglichkeit sich weiter aufzuwärmen und den Darm zu entleeren. Der Darm muss entleert sein, um in der Ruheperiode keine Fäulnis durch Reste entstehen zu lassen. Hieran können die Eidechsen oftmals – meist erst nach der Winterruhe –sterben. Wasser muss den Tieren aber weiterhin zur Verfügung stehen. Danach werden die Lampen ausgeschaltet, wobei mit den Heizstrahlern begonnen wird. Zwei Tage später folgen dann die Leuchtstofflampen. Anschließend verbleiben sie noch zwei Tage bei völliger Dunkelheit im Terrarium. In dieser Zeit werden die Verstecke nicht mehr verlassen. Wichtig ist, dass in dieser Zeit nur Unterschlupfe aufgesucht werden können, wo man die Tiere anschließend ohne Mühe und – ohne sie groß zu stören – entnehmen kann. Nun werden die Tiere einzeln in Kühlschrankboxen mit den Maßen 100x100x100 mm bzw. paarweise mit den Maßen 220x100x100 mm überführt. Der Deckel ist mit Löchern versehen, um eine entsprechende Durchlüftung zu gewährleisten. Diese Boxen werden zu einem Drittel mit einem Sand-Blumenerde-Gemisch (Verhältnis 1:1) gefüllt. Mehr Substrat sollte auf keinen Fall eingebracht werden, um sicherzustellen, dass noch ein ausreichender Gasaustausch stattfinden kann. Des Weiteren benötigen sie einen Freiraum der es ihnen ermöglicht, sich zu bewegen, da sie immer wieder einmal ihre Lage ändern. Das Bodenmaterial wird nicht weiter angefeuchtet, da sich meistens noch eine gewisse, ausreichende Restfeuchte in der Blumenerde befindet. Anschließend werden die Eidechsen für weitere zwei Tage in einen Raum gebracht, der eine Temperatur von 15 °C aufweist. Danach sollten die Tiere umgehend in die eigentliche Ruhephase gebracht werden, damit sie nicht zu sehr an Substanz verlieren. Überwintert werden meine Smaragdeidechsen in einem Kühlschrank bei Temperaturen zwischen 7 °C und 10 °C. Bei höheren Temperaturen kommen die Eidechsen nicht zur Ruhe. Ein Mal in der Woche werden

Wer sich Smaragdeidechsen zulegt, muss wissen woher sie ursprünglich stammen. Es ist schon ein Unterschied, ob die Tiere aus Mitteleuropa stammen oder aus wärmeren Regionen, wie diese Smaragdeidechse aus Chalkidiki, Griechenland. *Foto: Birgit Oefinger*

die Behälter kontrolliert. Während dieses Vorgangs bleibt der Kühlschrank geöffnet, um zu lüften. Sind die Körper der Eidechsen an das Substrat angelegt und ihre Augen geschlossen, kann man mit der Winterruhe fortfahren. Werden die Tiere unruhig, schauen einen an oder haben sich aufgerichtet, sollte die Winterruhe beendet werden. Ist der Zeitpunkt der Auswinterung gekommen, so werden die Tiere in umgekehrter Weise wieder an die helleren und wärmeren Tage gewöhnt. Allerdings ist dieser Auswinterungsvorgang kürzer. Die Smaragdeidechsen werden mit der Kühlschrankbox direkt in das Terrarium zurückgebracht und verbleiben noch für zwei Tage in der Box. Danach wird der Deckel geöffnet. Die Eidechsen können von alleine herausklettern. Die ersten Lampen wurden bereits eingeschaltet, und das neue Frühjahr kann beginnen. Mit dieser Methode habe ich bis zum heutigen Tage noch nicht eine Eidechse verloren.

Im Freilandterrarium überwintern meine Smaragdeidechsen in einem dafür angebrachten Sandhaufen (ca. 1 m^3), der sich im hinteren Teil des Freilandterrariums befand und vom Rest des Behälters durch eine Legesteinmauer getrennt war. Hier wurden auch Wohnhöhlen angelegt, die auch zur Überwinterung genutzt wurde (DIECKMANN 2001).
Jungtiere können im ersten Lebensjahr unter den gleichen Bedingungen wie die Erwachsenen überwintert werden. Nach dem Schlupf sind sie noch für mehrere Monate aktiv und haben so bis zur Überwinterung genug Zeit, um noch wachsen zu können.
Bei Erkrankungen sollte man von einer Überwinterung absehen, da es oft auch Krankheiten gibt, die einer Behandlung erforderlich machen, die mit einer weiteren Nahrungsaufnahme verbunden ist (z. B. Medikamentengabe über Flüssigkeiten). In dieser Zeit ist die Gesundung der Tiere vorrangig. Auch während einer längeren Behandlung über den Winter sollte solange auf eine Winterruhe verzichtet werden, bis die Behandlung abgeschlossen ist.

Lacerta media wolterstorfi (Verbreitung Libanon, Nordwest-Syrien und Südost-Türkei). *Foto: Martin Dieckmann*

Ein Pärchen von *Lacerta viridis* aus Thrakien (nordöstliches Griechenland). *Foto: Torsten Panner*

9 VERMEHRUNG

Bei den Smaragdeidechsen lassen sich schon äußerlich die Geschlechter gut unterscheiden. So sind die Männchen kräftig grün gefärbt und haben eine leuchtend blaue Kehle. Dies ist vor allem zur Paarungszeit gut zu erkennen. Doch auch nach dieser Zeit ist das schlichter gefärbte Weibchen immer noch gut vom Männchen zu unterscheiden. Recht häufig besitzen die Weibchen zwei weiße bis cremeweiße Streifen auf dem Rücken, sowie einen feinen, oft unterbrochenen Streifen auf je einer Flankenseite. Hals und Kehle bleiben gegenüber dem Männchen das ganze Jahr über weiß.

Des Weiteren besitzen die männlichen Smaragdeidechsen größere Köpfe, eine verdickte Schwanzwurzel und an den Unterseiten der Oberschenkel vergrößerte Porenschuppen (Femoralporen), die zwar bei den Weibchen auch vorhanden sind, jedoch nicht so stark ausgebildet sind. Bei Jungtieren ist jedoch eine Unterscheidung schwieriger bis unmöglich. Hier ist schon etwas Erfahrung nötig, oder man wartet die Zeit ab, bis die Geschlechter sicher zu erkennen sind. Dies ist in erster Linie vom Ernährungszustand der Eidechse abhängig.

PAARUNG

Im Lebensraum finden die ersten Paarungen kurz nach der Winterruhe statt, die von Mitte/Ende Oktober bis Mitte April dauert. Ab etwa Mitte Juni werden dann die Eier abgelegt. Ende April 2002 konnte meine Frau und ich auf den Inseln Cres und Krk (Kroatien) Paarungsversuche beobachten. Die Eidechsen dürften im Lebensraum nach der zweiten Winterruhe die Geschlechtsreife erreichen, wobei sie jedoch noch nicht vollständig ausgewachsen sein müssen. Auch im Terrarium zeigten meine Westlichen Smaragdeidechsen bereits kurz nach der Überwinterung, die von Ende November bis Ende Februar dauert, ein gegenseitiges Interesse. Vor den ersten Paarungen häuten sich die Tiere das erste Mal und die Männchen zeigen dann ihre Prachtfärbung.

Immer wieder verfolgt das Männchen das Weibchen, um sich mit ihm zu paaren. Ist das Weibchen nicht paarungsbereit, fängt es an die Arme zu drehen („treteln") und versucht auszuweichen oder zu fliehen. Wird es zu stark bedrängt, versucht es das Männchen durch Bisse einzuschüchtern und fern zu halten. Ist das Weibchen zur Paarung bereit, nähert sich das Männchen mit ruckartigen Bewegungen und stößt dem Weibchen mit der Schnauze leicht in die Flanke.

Kurzköpfige Tiere, wie hier zu sehen, findet man in der Natur nicht. Dies ist genetisch bedingt und kommt nur bei Züchtungen in Gefangenschaft vor. *Foto: Horst Filitz*

Deutlich sind bei diesem Pärchen aus Istrien die Geschlechter zu unterscheiden, obwohl hier deutlich zu sehen ist, dass auch das Weibchen eine blaue Kehle besitzt.
Foto: Jochen Zauner

Anschließend kommt es zum Paarungsbiss, den das Männchen im Flankenbereich des Weibchens ansetzt. Dann biegt es seinen Körper unter den des Weibchens und führt einen Hemipenis in die Kloake ein, um die Paarung zu vollziehen. Das Weibchen hebt dabei den Schwanz leicht an, um die Paarung zu erleichtern. Während der Paarung, die mehrere Minuten dauern kann, bleiben die Tiere mit geschlossenen Augen völlig ruhig liegen. Lässt das Männchen vom Weibchen ab, trennen sich beide wieder oder liegen gemeinsam an ihrem Sonnenplatz, um sich zu erholen.

TRÄCHTIGKEIT UND EIABLAGE

Einige Wochen nach der Paarung kann man die Weibchen vermehrt beim Fressen und Sonnenbaden beobachten. In dieser Zeit und den kommenden Wochen gebührt dem Weibchen unsere ganze Aufmerksamkeit und besondere Pflege. Gerade jetzt benötigt sie eine abwechslungsreiche und regelmäßige Nahrung mit einem ausreichenden und hochwertigen Angebot an Futter, Spurenelementen und Mineralstoffen. Ist die Mineralstoffversorgung der Mutter nicht optimal gedeckt, führt das zu einer Mangelversorgung des Embryos. Ein weiterer wichtiger Faktor ist die Mineralstoffzufuhr, denn es wird eine erhebliche Menge an Calciumverbindungen in der Eischale eingelagert. Da vor allem während der Tragzeit von den Weibchen auch mehr Wasser aufgenommen wird, ist dies eine gute Gelegenheit, den Tieren Calcium zuzuführen. Während der Trächtigkeit erlahmt das Interesse des Männchens an dem Weibchen kaum, sodass es nötig werden kann, die Tiere zu trennen, um das Weibchen zu schonen und es keinen zusätzlichen Stress auszusetzen. Dabei wird das Weibchen immer im Terrarium belassen und das Männchen – und gegebenenfalls andere Weibchen –

entnommen. Das Weibchen nimmt in der Folgezeit an Masse und Umfang zu und läuft unruhig durch den Behälter, um einen geeigneten Eiablageplatz zu finden. Nach meiner Erfahrung ist es wichtig, immer nur einen Ort dafür vorzusehen und feucht zu halten. Einige Tage vor der Eiablage verringern die Weibchen die Futteraufnahme oder stellen sie ganz ein. Zur Eiablage graben die Weibchen eine Grube. Erfolgt die Eiablage während des Tages, ist es wichtig dem Weibchen weiterhin die Möglichkeit zu geben, sich unter dem Strahler aufzuwärmen. Meistens finden die Eiablagen in den späten Nachmittagsstunden statt. Eine Bewachung des Geleges seitens des Weibchens findet nach meinen Beobachtungen nicht statt. Allerdings können einzelne Weibchen während der Trächtigkeit doch recht aggressiv gegen andere Mitinsassen reagieren.

GELEGE

Die Gelege bestehen normalerweise aus 4 bis 20 Eiern; im Durchschnitt sind es 10 Eier. Die Größe der einzelnen Eier ist je nach Gelege verschieden; gemessen habe ich die Eier nie. NETTMANN & RYKENA (1984) geben als Maß im Mittel 15x9,5 mm an (n = 236, min. 13 mm, max. 18,5 mm, s = 0,12) x (n = 236, min. 8 mm, max. 10,5 mm, s = 0,05). Diese Angaben galten für Eier, die spätestens 24 Stunden nach dem Ablegen gemessen und gewogen wurde. Das Gewicht

Auch bei dieser einjährigen *L. b. bilineata* im Terrarium des Autors ist die Kurzköpfigkeit zu sehen.
Foto: Martin Dieckmann

eines Eies war im Mittel 0,835 g schwer (n = 236, min. 0,622, max. 1,223, s = 0,092). Während der Embryonalentwicklung nehmen die Eier Wasser aus der Umgebung auf und wachsen. Die Eier müssen innerhalb kürzester Zeit nach der Ablage – möglichst am selben Tag – in einen geeigneten Behälter überführt werden, wo sie kontrolliert inkubiert (ausgebrütet) werden können. Da unter natürlichen Bedingungen keine Lageveränderungen der Eier auftreten, sollten diese bei der künstlichen Inkubation auch unterbleiben. Deshalb sollten die Eier – bevor sie in den Inkubator kommen – markiert werden. Dies geschieht am besten mit einem weichen Bleistift, wobei darauf geachtet werden muss, dass die Eier nicht verletzt werden. Ich praktiziere mit Erfolg die Methode, dass ich den Eierbehälter direkt neben der Gelegegrube hinlege und dort die Eier mit einer Pinzette in das Substrat überführe, ohne sie dabei zu drehen.

INKUBATION

In den meisten Gebieten nördlich der Alpen sollten die Eier aus dem Freilandterrarium entnommen werden, da die mitteleuropäischen Sommer normalerweise nicht ausreichend warm sind (es gibt aber auch Ausnahmen wie z. B. am Kaiserstuhl), um sie erfolgreich zu zeitigen. Dabei ist es aber erforderlich, die Ablagestelle zu kennen. Oft legen die Weibchen auch im Freilandterrarium die Eier immer an derselben Stelle ab. Ist das nicht der Fall, ist es oft schwierig das Gelege zu finden. In so einem Fall ist es von Vorteil, dass trächtige Weibchen heraus zu fangen, um es in ein geeignetes Terrarium zu überführen, wo sie dann die Eier ablegen kann.

Im Frühjahr lassen sich die Geschlechter äußerlich schon von weitem erkennen, denn dann erstrahlen die Köpfe der Männchen in einem leuchtenden Blau. Die Unterart *L. b. chloronota* von Sizilien (Italien) zeigt dies sehr anschaulich. *Foto: Peter Oefinger*

Ein Jungtier von *Lacerta schreiberi* im Lebensraum. Die Juvenilen lassen sich leicht von denen von *Lacerta bilineata* unterscheiden. Im Norden der Iberischen Halbinsel überschneiden sich ihre Areale teilweise. Erstere werden nur selten in menschlicher Obhut gepflegt. Meist gelingt dies nur in geräumigen und gut strukturierten Freilandanlagen (siehe auch Foto Seite 41 links). *Foto: Birgit Oefinger*

Im Terrarium ist es nicht möglich, die Eier sich selbst zu überlassen, sondern sie müssen zur künstlichen Zeitigung in einen Inkubator überführt werden. Die Eier werden, nachdem sie vorsichtig mit einen Pinsel oder Löffel freigelegt wurden, mit einer Pinzette in den Inkubationsbehälter überführt. Wie schon erwähnt, sollte darauf geachtet werden, dass die Eier nicht gedreht werden. Die ursprüngliche Lage der Eier muss während der gesamten Zeitigung beibehalten werden. Es kann passieren, dass mehrere Eier zusammenkleben. Meistens lassen sich die Eier nach einiger Zeit von selbst lösen. Sollten unbefruchtete Eier mit daran kleben, kann es erforderlich sein, sie sofort zu trennen, da sie schnell anfangen können zu faulen und dann die gesunden Eier gefährden. Unbefruchtete Eier erscheinen meist gelblich und sind auch kleiner. Sie weisen Einbuchtungen auf und sind weich. Oft sind sie mit Substrat behaftet. Des Weiteren besitzen sie keine Keimscheibe. Befruchtete Eier sind weißlich und haben eine prall elastische Konsistenz. Während ihrer Entwicklung wachsen sie kontinuierlich, da sie aus ihrer Umgebung Wasser aufnehmen. Bleiben die Eier unentdeckt und verbleiben im Terrarium, so bekommen die befruchteten Eier aufgrund von Wassermangel Einbuchtungen und trocknen aus. Findet man sie, und es ist noch nicht zu spät, nehmen sie im Inkubator die verlorene Feuchtigkeit wieder auf und erholen sich nach ein bis zwei Tage wieder. Die Keimscheibe ist je nach Lichtverhältnis gut zu erkennen, da sie sich farblich unter

der Eierschale abzeichnet. Ich benutze als Inkubationsbehälter durchsichtige Grillendosen. Sie sie sind bereits mit einer Lüftung versehen, und man kann die Gelege kontrollieren, ohne jedes Mal den Deckel zu öffnen. Ob die Eier auf das Substrat gelegt oder in das Substrat eingegraben werden, hat meiner Erfahrung nach keinen Einfluss auf den Schlupferfolg. Der Vorteil bei eingegrabenen Eiern liegt lediglich daran, dass die zuerst schlüpfenden Tiere die anderen noch verbliebenen Eier nicht so schnell umdrehen können, wodurch diese eventuell geschädigt werden könnten. Als Substrat haben sich verschiedene Materialien bewährt, wie z. B. Vermiculit, Perlite, Seramis, Sand-Erde-Gemisch oder nur Sand.
Ich benutze Vermiculit, das zu zwei Drittel der Gesamthöhe in die Dosen eingefüllt wird. Auf mittlerer Höhe wird dann das Gelege hineingelegt. Anschließend wird die Dose mit dem Deckel verschlossen. Ich benutze die mittlere Körnung von dem im Handel angebotenen Substrat. Es weist eine Partikelgröße von etwa 3 mm auf. Zum Schluss werden die Dosen noch mit einem Zettel versehen, auf dem Ablagedatum sowie Art bzw. Unterart notiert sind. Die Bruttemperatur in meinen Inkubatoren beträgt kontinuierlich 27 bis 29° C. Mit Nachtabsenkungen während der Inkubation habe ich bis jetzt noch keine Versuche durchgeführt. Direkten Kontakt mit Wasser vertragen die Eier in der Regel nicht gut. Das Substrat soll sich zwar feucht anfühlen, aber es darf kein Wasser herausrinnen, wenn man es mit den Fingern zusammendrückt. Ich erreiche das dadurch, indem ich das Vermiculit vorher ins Wasser lege bis es gesättigt ist. Anschließend wird es in der Faust ausgepresst, bis kein Wasser mehr herausrinnt. Die weichschaligen Lacertideneier benötigen um ihre Atmosphäre herum eine relative Luftfeuchtigkeit von annähernd 100 %. Alle paar Tage kontrolliere ich die Dosen. Dabei entnehme ich sie vorsichtig aus dem Brutapparat. Der Deckel wird geöffnet, und das darunter befindliche Tropfwasser wird abgeschüttelt. Eventuell verdorbene Eier werden ausgesondert. Zu hohe Substratfeuchte, aber auch zu hohe Inkubationstemperaturen können zum Absterben des Embryos führen. Aber auch eine Unterversorgung des Weibchens mit Mineralstoffen und Vitaminen können zu solchen Ausfällen führen.

SCHLUPF

Bei einer Temperatur von 28° C schlüpften meine Jungtiere nach 48 bis 61 Tagen aus ihren Eiern. Dieser kraftaufwändige Vorgang kann sich mehrere Stunden hinziehen, und bis alle Jungen aus einem Gelege geschlüpft sind, auch mehrere Tage dauern.
Die ersten Anzeichen des bevorstehenden Schlupfes kündigen sich durch das „Schwitzen"

Schlupf einer Smaragdeidechse. Hier wurde als Brutsubstrat Vermiculit verwendet. *Foto: Siegfried Troidl*

an, d. h., es bilden sich Flüssigkeitstropfen auf der Eierschale. Anschließend kann man erste Dellen an den Eiern erkennen. Die kleinen Eidechsen schneiden mit Hilfe ihres Eizahns, der spitz-konisch geformt ist und nach kurzer Zeit wieder abfällt, Schnitte in die Eierschale, die diese dann zum Zerreißen bringt. Durch Bewegungen des Kopfes vergrößert die Eidechse diese Schnitte in der Eischale.

Schaut der Kopf aus dem Ei heraus, so dauert es oft noch einige Stunden bis die junge Eidechse ihren noch verbliebenen Dotter in die Leibeshöhle aufgenommen hat und von der embryonalen Atmung auf die Lungenatmung umgestellt hat (KÖHLER 1997). Anschließend verlassen die kleinen Echsen dann mit einem Ruck das Ei. Nach dem Schlupf liegen sie meistens ruhig in einer Ecke des Ablagebehälters. Man sollte beim Öffnen allerdings vorsichtig sein, da sie blitzschnell entweichen können. Die Tiere sind direkt nach dem Schlupf noch feucht (dabei können sie sehr schnell auskühlen), und es kann auch noch Brutsubstrat am Körper haften. Daher sollte man die kleinen Eidechsen für einige Stunden in eine Dose mit trockenem Küchenpapier legen und sie dann für diese Zeit in den Inkubator zurückführen. Normalerweise ist der Dottersack resorbiert. Sollte dennoch ein Rest vorhanden sein, der aus der Bauchdecke ragt, ist es nötig, die Tiere noch einmal auf feuchtem Küchenpapier in den Inkubator zu stellen.

Wenn alles in Ordnung ist, können die Kleinen in das vorbereitete Aufzuchtterrarium überführt werden.

Gesund aussehendes Jungtier aus dem Vorjahr vom Kaiserstuhl bei Achkarren. Das sonnendurchflutete Gebiet gibt den kleinen Eidechsen genügend Zeit, um sich gut zu entwickeln. *Foto: Martin Dieckmann*

10 AUFZUCHT DER JUNGTIERE

Die frisch geschlüpften Jungen haben eine Kopf-Rumpf-Länge von 30 bis 35 mm bei einer Gesamtlänge von 80 bis 90 mm. Das Schlupfgewicht liegt bei etwa 1 g. Nach wenigen Wochen haben sie bereits die doppelte Größe erreicht

Wenn die kleinen Eidechsen ins Aufzuchtterrarium überführt werden, muss unbedingt auf deren Temperaturbedürfnisse geachtet werden. Der Behälter muss so groß sein, dass sie in der Lage sind, verschiedene Temperaturbereiche aufsuchen zu können. Der kühlste Bereich im Terrarium sollte Zimmertemperaturen aufweisen. Die Wände sollten zum Klettern geeignet sein, d. h. z. B. mit Kork beklebt oder als künstliche Felswand gestaltet sein. Ein Trinkgefäß muss vom ersten Tag an vorhanden sein. Für die ersten Wochen haben sich dazu die Deckel von Grillendosen, wie sie auch SCHUMACHER (2002) für seine Halsbandleguane verwendet, bestens bewährt. Meistens zehren die Jungtiere die ersten zwei Tage noch von ihrem Dottervorrat, sodass erst nach dem dritten Tag den Tieren Futter angeboten werden muss.

Als Aufzuchtbehälter verwende ich Glaswürfel mit einer Kantenlänge von 50 cm, die von oben mit einem Holzdeckel verschlossen werden, wo sich auch die Lüftung befindet (s. Foto). Ausgestattet sind sie mit einem 60 Watt PAR-Strahler, der gegen eine UV-Lampe ausgetauscht werden kann, um ihnen ausreichend UV-Licht anzubieten. Man sollte jedoch darauf achten, dass die Behälter nicht überhitzen, daher bleibt der Deckel für die Zeit der UV-Beleuchtung halb geöffnet und ich verbleibe dabei am Terrarium. Auch hier sollte, wie bei den Alttieren, das UV-Licht in den Morgenstunden angeschaltet werden, wenn die Jungen noch nicht aufgewärmt sind und daher die Garantie gegeben ist, dass sie sich unter dem Strahler aufwärmen. Haben sie genug Sonne „getankt", ziehen sie sich in kühlere Bereiche zurück, und man kann wieder das normale Licht einschalten. Aufgrund des geringen Abstandes der Lampenfassung, ist die UV-Lampe in diesen Behältern meist nicht länger wie 20 Minuten eingeschaltet, da die Jungtiere in kühlere Bereiche ausweichen. Diese Lampe wird alle paar Tage eingeschaltet, einen festen Rhythmus habe ich nicht. Bei UV-Lampen ist auf jeden Fall auf die Hinweise des Herstellers zu achten. Die Temperaturen liegen tagsüber bei 18–30 °C und unter der Reflektorlampe, die je nach Jahreszeit 10–12 Stunden eingeschaltet ist, bis 40 °C. Sollte man die Möglichkeit haben, den kleinen Eidechsen im Sommer einen Aufenthalt im

Innenansicht eines Zimmerterrariums für junge Smaragdeidechsen. *Foto: Martin Dieckmann*

Jungtiere sollten so schnell wie möglich ins Freiland, um dort Sonne zu tanken. Diese Gazebehälter eignen sich in den ersten Lebensmonaten hervorragend für die Aufzucht der Jungen. Wie viele Jungtiere darin Platz finden sollten, muss man abhängig von der Größe des Behälters machen. Die erste Zeit sollten sie auf jeden Fall darin beobachtet werden.
Foto: Martin Dieckmann

Freien bieten zu können, so sollte man es auf jeden Fall tun. Je früher desto besser. Dabei ist es egal, ob es sich um ein Freilufttterrarium auf einen Balkon oder eine kleine Freianlage handelt. Wichtig ist nur, dass den jungen Smaragdeidechsen so viel Sonne geboten wird, wie nur möglich. Für die wärmeren Tage im Jahr, ist darauf zu achten, dass man ein Teil des Behälters abdeckt, damit sie sich in kühlere Bereiche zurückziehen können.

Als Erstnahrung biete ich ihnen Fruchtfliegen (*Drosophila melanogaster*), Ofenfischchen (*Thermobia domestica*), frisch geschlüpfte Heuschrecken (*Logusta migratoria* oder *Shistocerca gregoria*), Larven von *Zophobas morio* und kleine Schaben (*Panchlora nivea, Blaptica dubia* sowie *Shellfordella tartara*) an. Kleines Futter wird größerem gegenüber bevorzugt. Auch werden die Futtertiere immer mit einem Mineralstoff- und Vitaminpräparat eingestäubt.

Die Einrichtung der Aufzuchtterrarien entspricht denen der Adulten und ist mit den gleichen Strukturen und Materialien ausgestattet. Als Bodengrund benutze ich Spielsand. Steine werden terrassenförmig so angelegt, dass unter ihnen Höhlen als Verstecke entstehen. Die Schaffung von weiteren Einrichtungsstrukturen, wie z. B. trockenheitsliebende Gräser (z. B. aus dem Steinbruch), eng verzweigte Sträucher (z. B. Rotdorn, alter Rosmarin, Kermeseiche), ist von Vorteil. Diese bieten den Tieren Klettermöglichkeiten sowie Schutz und Sichtbarrieren.

In der Natur werden Smaragdeidechsen nach der zweiten Winterruhe geschlechtsreif. Je nach Wachstum kann im Terrarium bereits nach der ersten Saison mit Nachwuchs gerechnet werden. Es ist allerdings natürlicher, die Tiere erst im dritten Jahr zu verpaaren, wenn die Geschlechtsorgane ausgereift sind.

Es passiert immer wieder einmal aus den verschiedensten Gründen, dass einzelne Tiere im Wachstum etwas zurückbleiben. Um sie nicht noch mehr zu schwächen, setzt man sie besser separat oder mit annähernd gleich großen Tieren zusammen.

Aufgrund des guten Wachstums kann man die Jungtiere ohne Probleme bereits im ersten Lebensjahr überwintern.

Jungtier von *Lacerta trilineata major*; leicht zu erkennen an den drei Rückenstreifen. *Foto: Martin Dieckmann*

Man sollte grundsätzlich nur Tiere erwerben, die einen gesunden und stabilen Eindruck machen. Bei diesem Jungtier von *Lacerta bilineata* gibt es äußerlich keine Einschränkung, was einem vom Kauf des Tieres abraten würde. *Foto: Jochen Zauner*

11 GESUNDHEIT

Da man Smaragdeidechsen aller Altersgruppen zumindest saisonal – wenn nicht sogar ganzjährig – im Freien sehr gut halten kann, kommen Krankheiten bei den Tieren durchaus seltener vor als bei der dauerhaften Pflege in einem Zimmerterrarium – zumindest ist dies meine Erfahrung. Da die zuvor gemachten Angaben zur Haltung praktisch in jedem Garten gut durchzuführen ist, sollte jeder Eidechsenfreund diese Art der Pflege im Freilandterrarium nachstellen. Die ungefilterten Sonnenstrahlen, der Wechsel von Sonnenschein und Regen sowie die unterschiedlichen Temperaturen dürften sich positiv auf die Vitalität der Eidechsen auswirken. Zu einer ausgewogenen Ernährung tragen auch die herbeifliegenden Insekten bei, die jedoch nur bei einer vielfältigen Pflanzenwelt angelockt reichlich vorhanden sind. Bei diesen positiven Faktoren führen die Smaragdeidechsen ein gesundes Dasein und pflanzen sich auch im Freilandterrarium fort.

Es würde den Rahmen dieses Ratgebers sprengen, hier auf alle möglichen einzelnen Krankheitsbilder einzugehen. Deshalb gilt es, dass bei auftretenden Krankheitsanzeichen ein reptilienkundiger Tierarzt aufgesucht werden sollte (eine Liste solcher Tierärzte bietet die Deutsche Gesellschaft für Herpetologie und Terrarienkunde e.V. unter www.dght.de). Dennoch möchte ich hier zwei Dinge kurz ansprechen, die auch bei einer sehr pflichtbewussten Haltung auftreten können.

Eidechsen werden immer wieder einmal von Parasiten befallen. Außenparasiten wie blutsaugende Milben und Zecken findet man auch recht häufig an den Tieren in ihren natürlichen Lebensräumen. Oftmals ist es schwierig eine Krankheit früh genug zu erkennen, um das betroffene Tier rechtzeitig und erfolgreich zu behandeln. Sind die Symptome erst einmal aufgetreten,

Die meisten Ektoparasiten – meist handelt es sich um Zecken – findet man am Kopf oder/und in den Achseln. Mit etwas Glück kann man auch am Rhein noch Smaragdeidechsen beobachten. Diese stammt aus Filsen.
Foto: Birgit Oefinger

ist es in vielen Fällen bereits zu spät, es gilt also vorzubeugen. Beim Erwerb von Smaragdeidechsen ist daher vor allem auf deren äußeren Zustand zu achten. Sicherlich gibt es auch Smaragdeidechsen mit kleineren Läsionen, wie z. B. eine fehlende Schwanzspitze, die zwar ein Schönheitsfehler darstellen, aber kein Kaufhindernis sein muss, wenn diese Stellen gut verheilt sind. Es ist daher immer von Vorteil, das Verhalten unserer Tiere stets zu beobachten. Nur so können Auffälligkeiten umgehend und frühzeitig erkannt und ggf. behandelt werden.

Auf ein besonderes Krankheitsbild möchte ich noch ansprechen, da dieses auch schon bei Smaragdeidechsen in Freilandanlagen aufgetreten ist. Es handelt sich hierbei um sogenannte „Borkengeschwüre". Hervorgerufen durch eine Infektion (RICHTER 1992) treten diese Geschwüre am Anfang vor allem im Bereich der Gliedmaßen und am Kopf auf. Diese Krankheit hat einen langsamen Verlauf und tritt vor allem bei Vertretern der Gattung *Lacerta* auf, ist aber auch schon von anderen Lacertiden beschrieben worden. Als wichtigste Maßnahme ist hier wohl die Trennung der erkrankten Tiere von den gesunden zu nennen, sowie der Gang zum Tierarzt.

Lacerta bilineata von der Nahe (Bad Kreuznach). *Foto: Torsten Panner*

Nicht nur Tiere aus dem Süden wurden von der Wärme angelockt. Viele Trockenrasen-Orchideen mediterran-submediterraner Herkunft verdanken wir vermutlich der früheren Weinbaukultur. So sind Standorte vieler Orchideen meistens Hinweise auf frühere Weinbaunutzung. *Foto: Martin Dieckmann*

12 VON DER WÄRME ANGELOCKT – SMARAGDEIDECHSEN AM KAISERSTUHL

Als breit hingestreckte Insel erhebt sich der Kaiserstuhl aus der Mitte der Oberrheinebene. Seine Kammlinie bietet von allen Seiten her eine leicht geschweifte Silhouette, die bis über 350 m über die Ebene steigt. Die höchsten Berge sind der Totenkopf-Neunlinden mit 557 m, die Eichelspitze mit 520 m und der Katharinenberg mit 493 m. Umgekehrt hat man von den höchsten Punkten bei guter Sicht einen umfassenden Ausblick über die Rheinebene hinweg auf die Vogesen im Westen und den Schwarzwald im Osten. Der Kaiserstuhl ist klein; er ist 15,8 km lang und 12,5 km breit. Die Grundfläche liegt bei 92,5 km². Wer durch diese einzigartige Vulkanlandschaft wandert, dem wird auffallen wie mannigfaltig der Kaiserstuhl gegliedert ist hinsichtlich der Landschaftsformen, der Geologie, des Klimas – je nachdem wo man sich gerade aufhält, – der Pflanzengesellschaft und damit der Tierwelt.

Jeder, der sich mit Smaragdeidechsen beschäftigt, kennt auch den Kaiserstuhl oder wird zumindest mal mit ihm konfrontiert worden sein. Die Smaragdeidechse ist für den Kaiserstuhl eine Art „Wappentier", ähnlich der Gottesanbeterin und dem Bienenfresser. Sie erreicht dort große Populationsstärken mit bis zu vier bis fünf Tieren auf 20 laufende Wegmeter am Fuße des Badbergs (GROSCHOPF et al. 2011). Dennoch ist seit Jahrzehnten ein Rückgang festzustellen, der zum Teil auf die Biotopveränderungen zurückzuführen ist. Von vielen Stellen am Kaiserstuhl sind Vorkommen bekannt. Am benachbarten Tuniberg sind die Populationen kleiner. Als submediterrane Art bevorzugt die Smaragdeidechse offene Standorte mit locker eingestreute Vegetation. In Mitteleuropa werden oft sonnige, trockene und gestrüppreiche Hänge und Heckensäume bevorzugt. Nördlich des Verbreitungsgebietes sind solche offenen bis halboffenen Habitattypen jedoch selten, so das *Lacerta bilineata* im Kaiserstuhl eine deutliche Bindung an anthropogen veränderte Standorte zeigt. Bevorzugt werden Weinberglagen mit vielfältigen Strukturelementen wie Böschungen, Lösswänden, Steinansammlungen oder Nagerbauten. Südwest-, Süd- oder Südostexpositionen überwiegen dabei.

Noch bis vor wenigen Jahrzehnten bestimmten die von kleinen, schmalen Terrassen zerfurchten Hänge das Bild der Landschaft des Kaiserstuhls. Es gibt sie auch heute noch. Nicht

Die Zauneidechse besiedelt die Großterrassen bereitwilliger als die Smaragdeidechse. Auch sie ist am Kaiserstuhl weit verbreitet. Erstere hat deutlich geringere Habitatansprüche, ist aber dennoch auch gemeinsam mit der Smaragdeidechse anzutreffen. Hier ein Jungtier von *Lacerta agilis*.
Foto: Martin Dieckmann

Die Gottesanbeterin zählt zusammen mit Smaragdeidechsen und Bienenfressern zu den Besonderheiten der Tierwelt am Kaiserstuhl. Die Fangschrecken dienen aber auch den Smaragdeidechsen als Leckerbissen. *Foto: Karin Dieckmann*

der ganze Kaiserstuhl wurde durch diese maschinengerechte und viel diskutierte Weinbauwüste verändert, wenngleich der Anteil der flurbereinigten Flächen beträchtlich ist.

Viele Kleinterrassenlandschaften mit ihren Strukturen wie Hohlwege, Böschungen und den begleitenden Gehölzen mussten Großterrassen weichen und veränderten somit die Tier- und Pflanzenwelt entscheidend. Der Kaiserstuhl nahm eine neue Gestalt an. Alte, gut strukturierte Lebensräume mit artenreichen, gut angepassten Lebensgemeinschaften wurden ausgelöscht. Im Vergleich zu den alten Böschungen bieten die bis 30 Meter hohen, 45 ° geneigten Riesenböschungen der flurbereinigten Großterrassen ein etwas eintöniges Bild.

Wo die Kleinterrassenlandschaft mit ihren über viel Generationen gewachsenen Strukturen wie den Hohlwegen, den niedrigen Böschungen und den sie begleitenden Gehölzen, den eintönig anmutenden, durch haushohe Böschungen voneinander getrennten Großterrassen weichen mussten, veränderten sich die Lebensbedingungen der Tiere und Pflanzen entscheidend. Alte, reich strukturierte Lebensräume mit artenreichen, gut angepassten Lebensgemeinschaften wurden radikal beseitigt. Auf den großen entstandenen Flächen und hohen Böschungen wurden die Karten völlig neu gemischt. *Foto: Martin Dieckmann*

Leicht zu entdecken sind die Schmetterlingshafte. Von den rund 350 Arten kommen nur drei Arten in Mitteleuropa vor, zwei davon am Kaiserstuhl. Von Mai bis Juli finden wir *Libelloides coccajus*, von Juni bis August die zweite Art *Libelloides longicornis*.
Foto: Martin Dieckmann

Haben viele Pflanzen die gewaltigen Bodenumschichtungen zumindest in Form ihrer Samen, Zwiebeln und Ausläufer überleben können, so gilt das für die meisten Tiere leider nicht. Daher sind sie in noch höherem Maße auf intakt gebliebene Nachbarbiotope angewiesen, von wo aus sie neue Flächen erobern. Für einige auf offene Standorte angewiesene Tierarten allerdings bieten die Großterrassen auch auf Jahre hinaus wertvolle Lebensräume, wie z. B. der Röhrenspinne *Eresus niger*. Dort wo bereits höhere Stauden wachsen, kann man die Gottesanbeterin *Mantis religiosa* beobachten. Hier ist auch die Smaragdeidechse *Lacerta bilineata* zu Hause.

Besonders häufig ist an manchen Stellen noch die Zauneidechse *Lacerta agilis* zu finden. Die Männchen mit ihren – besonders zur Paarungszeit – leuchtend grünen Flanken werden häufig mit der allerdings vollständig grünen, kräftiger gebauten und wesentlich größeren Smaragdeidechse verwechselt. Die Schlingnatter *Coronella austriaca*, ein wendiger Reptilienjäger, ist der natürliche Hauptfeind der Eidechsen. Man kann diese Natternart immer wieder einmal beobachten, wenn man wachsam ist und die Augen aufhält.

Spinnen sind faszinierende Lebewesen. Das Farbkleid dieser männlichen Goldaugenspringspinne kann auch voreingenommene Betrachter beeindrucken. Sie ist am Kaiserstuhl noch anzutreffen.
Foto: Jürgen Lehmann

Männchen in seinem Bau in einer Lösswand. *Foto: Siegfried Troidl*

Aufgrund von genetischen Untersuchungen erwiesen sich die Kaiserstuhl-Smaragdeidechsen – entgegen der Vermutung, dass alle Populationen entlang des Rheingrabens *Lacerta bilineata* angehören – als nicht eindeutig zuordenbar (JOGER et al. 2001). Obgleich ein genetischer Einfluss der westlichen Smaragdeidechse nachweisbar ist, ist die überwiegende Zahl der östlichen *Lacerta viridis* zuzuordnen. Eine weitere Blutuntersuchung von Tieren einiger Populationen ergab ebenfalls, dass nur bedingt dem aus dieser Region zu erwartenden Genotyp der Westlichen Smaragdeidechse *Lacerta bilineata* entsprach. Neben diesen beiden fand man auch vereinzelt Allele, die sonst nur bei italienischen Smaragdeidechsen auftreten. Es scheint daher als wahrscheinlich, dass Smaragdeidechsen aus Regionen südlich und südöstlich der Alpen am Kaiserstuhl ausgesetzt wurden und sich mit den einheimischen Populationen vermischt haben. Ob alle Teilpopulationen im Kaiserstuhlgebiet von dieser genetischen Vermischung betroffen sind, ist unklar und kann nur durch weitere Untersuchungen geklärt werden.

Unter dem Motto „Naturgarten Kaiserstuhl" wurde auch der „Smaragdeidechsenpfad" angelegt, wo vor allem die Jüngeren an dieses Thema herangeführt werden. Damit sollen Eidechsen vor Ort bewundert werden können. *Foto: Martin Dieckmann*

Smaragdeidechsen verfügen über ein kräftiges Gebiss. *Foto: Jochen Zauner*

13 DANKSAGUNG

Ein Buchprojekt ist immer mit viel Zeitaufwand verbunden, was für einen Buchautor sicherlich nichts Ungewöhnliches ist. Aber allein lässt sich so ein Buch meist nicht verwirklichen. Vor allem dann nicht, wenn es um Bildmaterial aus völlig verschiedenen Gebieten geht, die man nur schwer in großer Zahl bereisen kann. Gleichgesinnte Eidechsenfreunde, die mit einem das Hobby teilen und auf ihren Exkursionen und Urlaubsreisen tolle Beobachtungen machen und diese auf wunderschönen Fotos festhalten und dem Leser nicht vorenthalten, bringen ein Buch wie dieses erst richtig ins Rollen. Nicht jeder hat mit Fotos dazu beigetragen. Es gab Anregungen,

Verbesserungen und natürlich auch Kritik. Es gab viel Literatur zu durchforsten, die mir einige Freunde zur Verfügung stellten. Ohne die genannten Personen wäre dieses Projekt in diesem Umfang nicht möglich gewesen.

Bedanken möchte ich mich ganz herzlich bei Sven Becker (Reutlingen), Wolfgang Böckl (Altötting), Horst Filitz (Hamburg), Sönke Frahm (Norderstedt), Rolf Grosshans (Goch), Matthias Kneller (Windhagen), Axel Kwet (Fellbach), Jürgen Lehmann (Hamm), Peter und Birgit Oefinger (Düsseldorf), Torsten Panner (Neubrandenburg), Jürgen Sämann (Vaihingen), Josef Friedrich Schmidtler (München), Siegfried und Angelika Troidl (Fürth), Jochen Zauner (Riedering) und Mike Zawadzki (Hamburg). Für die kritische und hilfreiche Durchsicht des Manuskriptes danke ich Ellen Marzahn, Museum für Tierkunde – Senckenberg Museum Dresden. Besonderer Dank gilt meiner lieben Frau Karin für die Geduld und Unterstützung meines Hobbys sowie für die Pflege unserer Tiere. Nicht zuletzt möchte ich Thorsten Geier vom Kleintierverlag für die sehr gute Zusammenarbeit danken.

Zu großem Dank verpflichtet bin ich ebenso Dr. Werner Mayer vom Naturhistorischen Museum, Wien. Viele Jahre hat er im Rahmen von verschiedenen Forschungsarbeiten (unter anderem DNA-Untersuchungen) das Thema Lacertiden vorangebracht. Er hat mich bei der Erstellung meines Buches maßgeblich unterstützt. Leider konnte er die Fertigstellung des Buches nicht mehr miterleben. Ich widme ihm das nun vorliegende Werk.

Lacerta trilineata citrovittata. Foto: Siegfried Troidl

Lacerta bilineata aus Istrien. *Foto: Jochen Zauner*

14 WEITERE INFORMATIONEN

Wenn Sie weitere Informationen über Eidechsen benötigen, empfehle ich Ihnen neben zahlreichen Internetseiten auch den direkten Kontakt zu einem Verein bzw. den Austausch auf Fachtagungen.

Die nun folgenden Homepages stammen von Eidechsenfreunden, die sich mit Leib und Seele mit diesen Tieren beschäftigen. Auf unzähligen Reisen gibt es immer wieder neue Beobachtungen und Fotos, die gerne an Interessiere präsentiert werden:

www.Lacerta.de
www.bpo-natura.de
www.lacerta-bavaria.de
www.herpetofauna.at
www.vipersgarden.at
www.t-lepidus.de

Wer sich mit Smaragdeidechsen oder generell mit Eidechsen beschäftigen möchte, sollte es nicht verpassen Mitglied in der AG *Lacertiden* in der Gesellschaft für Herpetologie und Terrarienkunde e.V. (DGHT) zu werden. Mitglieder erhalten drei Mal jährlich die AG-Zeitschrift und Mitteilungsblatt „Die Eidechse". Auf der jährlich stattfindenden Tagung ergibt sich schnell Kontakt zu Mitgliedern und Interessierten. Gleichgesinnte nehmen an zahlreichen Vorträgen teil und tauschen Erfahrungen aus. Wissenswertes über Eidechsen wird zudem in den verschiedenen Publikationen mitgeteilt. Weitere Infos: www.lacerta.de

Diese Smaragdeidechse wurde im Habitat in Brandenburg aufgenommen.
Foto: Torsten Panner

15 ZITIERTE UND WEITERFÜHRENDE LITERATUR

ASSMANN, O. (2001): Schutzmaßnahme für die Smaragdeidechse – *Lacerta viridis* (Laurenti, 1768) – bei Passau (BRD, Niederbayern). – S. 251–268 in: ELBING, K. & H.-K. NETTMANN (Hrsg.): Beiträge zur Naturgeschichte und zum Schutz der Smaragdeidechsen (*Lacerta* s. str.) – Mertensiella, Rheinbach, 13, 285 S.

ASSMANN, O. (2016): Beobachtung zur Phänologie und Beute von Smaragdeidechsen in Bayern. – Zeitschrift für Feldherpetologie 5: 40–42.

BANNERT, B. (1991): Eidechsen im Gemüsefach – Erfahrungen zur Überwinterung von Eidechsen. – Die Eidechse 4: 2–7.

BANNERT, B. (1993): Speisen a la Carte. Zur Fütterung carnivorer Eidechsen. – Die Eidechse 10: 19–21.

BANNERT, B. (1998): Zur Lebenserwartung verschiedener *Lacertiden* im Terrarium. – Die Eidechse 9 (2): 59–66.

BISCHOFF, W. (1991): Übersicht über die Arten und Unterarten der Familie *Lacertidae*. 3. Die Gattung *Lacerta*. – Die Eidechse 3: 5–16.

BISCHOFF, W. (2005): Die Echten Eidechsen der Familie *Lacertidae* – eine Übersicht. – DRACO 6 (1): 4–27.

BISCHOFF, W. (2006): Auf der Suche nach Gebirgseidechsen in drei Erdteilen. – DRACO 7 (3): 54–73.

BLAUSCHECK, R. (1985): Amphibien und Reptilien Deutschlands. – Landbuch Verlag, Hannover, 160 S.

BÖHME, M. U., U. FRITZ, T. KOTENKO, G. DŽUKC, K. LJUBISAVLJEVIC, N. TZANKOV & T. U. BERENDONK (2006): Phylogeography and cryptic variation within the *Lacerta viridis* complex (*Lacertidae, Reptilia*). – Zoologica Scripta, 36, 2: 119-131.

Bundesminister für Ernährung, Landwirtschaft und Forsten [BML] (1997): Mindestanforderungen an die Haltung von Reptilien. – Verordnung über besonders geschützte Arten wildlebender Tiere und wildwachsender Pflanzen (Bundesartenschutzverordnung). Bundesgesetzblatt Nr. 54: 1565–1601.

CABELA, A., H. GRILLITSCH & F. TIEDEMANN (2001): Atlas zur Verbreitung und Ökologie der

Amphibien und Reptilien in Österreich. – Umweltbundesamt Wien, 880 S.

CORBETT, K. (2001): Status, Threats and Conservation Requirements of *Lacerta bilineata* on Jersey. – S. 98–104 in: ELBING, K. & H.-K. NETTMANN (Hrsg.): Beiträge zur Naturgeschichte und zum Schutz der Smaragdeidechsen (*Lacerta* s. str.) – Mertensiella, Rheinbach, 13, 285 S.

CORTI, C., W. BISCHOFF & W. BÖHME (1999): Die *Lacertiden* der Mittelmeer-Inseln – eine erste Übersicht. – Die Eidechse 10 (2): 41–58.

DIECKMANN, M. (2001): Vermehrung von *Lacerta bilineata bilineata* im Freilandterrarium. – Die Eidechse 12 (3): 80–83.

DIECKMANN, M. (2004): Die *Lacertiden* der Kvarner-Inseln Cres und Lošinj/Kroatien. – Die Eidechse 15 (1): 20–26.

DIECKMANN, M. (2004): Beobachtungen an *Lacertiden* in Apulien. – Die Eidechse 15 (3): 65–68.

DIECKMANN, M. (2006): Die Eidechsen des Bleniotals (Tessin, Schweiz). – Die Eidechse 17 (3): 89–93.

DIECKMANN, M. (2011): Eidechsen im Freilandterrarium. – Terraria, Natur und Tier Verlag, Münster, Nr. 30: 57–65.

DIECKMANN, M. (2013): Schwarze Mauereidechsen am Kaiserstuhl. – Terraria/elaphe, Natur und Tier Verlag, Münster, Nr. 43: 74–75.

DIECKMANN, M. (2015): Die Prachtkieleidechse *Algyroides nigropunctatus* - eine wenig bekannte Schönheit vom Balkan. – Reptilia, Natur und Tier Verlag, Münster, Nr. 111: 52–64.

DIECKMANN, M. (2015): Das Schildkrötendorf im Maurenmassiv. – Marginata, Natur und Tier Verlag, Münster, Nr. 45: 52–58.

DIECKMANN, M. (2016): Foto-Exkursion durch die Plaines de Maures: Frankreichs Schildkröten und deren Begleitherpetofauna. – Schildkröten im Fokus, Kleintierverlag, Biebertal, 13 (2): 16–21.

DIECKMANN, M. (2017): Das Wunderbare Naturerbe Kroatiens – Terraria/elaphe, Natur und Tier-Verlag, Münster, Nr. 64: 14–25.

DIECKMANN, M. (2017): Kvarner – eine Schnittstelle europäischer Ökosysteme – Terraria/elaphe, Natur und Tier-Verlag, Münster, Nr. 64: 26–33.

DIECKMANN, M. (2017): Die *Lacertiden* Kroatiens – Terraria/elaphe, Natur und Tier-Verlag, Münster, Nr. 64: 34–39.

DIECKMANN, M. (2017): Auf Winnetous Spuren - Kroatiens Wilder Westen – Terraria/elaphe, Natur und Tier-Verlag, Münster, Nr. 64: 40–44.

DIECKMANN, M. & K. DIECKMANN (2010): Die Mythischen Inseln Cres & Lošinj. – Draco, Natur und Tier Verlag, Münster, Nr. 42: 40–53.

DIECKMANN, M. & F. RUHNKE (2010): Melanismus in einer Mauereidechsenpopulation am Kaiserstuhl. – Die Eidechse 21 (2): 53–57.

DIESNER, G. & J. REICHHOLF (1996): Lurche und Kriechtiere. – Steinbachs Naturführer, Mosaik Verlag, München, 287 S.

ELBING, K. (1998): Anmerkungen zur Eizeitigung bei Brandenburgischen Smaragdeidechsen im Freiland. – Die Eidechse 9 (1): 29–34.

ELBING, K. (1999): Die im Dunkeln sieht man nicht ... – subterrane Aspekte von *Lacerta viridis*. – Die Eidechse 10 (1): 8–14.

ELBING, K. (2000): Life is hard – Notizen aus dem Leben junger Smaragdeidechsen. – Die Eidechse 11 (2): 41–48.

ELBING, K. (2001a): Die Smaragdeidechsen: zwei (un)gleiche Schwestern. –Laurenti-Verlag, Bochum, Beiheft der Zeitschrift für Feldherpetologie 3, 143 S.

ELBING, K. (2001b): Paare, Paschas, Partisanen – Variabilität von Sozialverhalten und Fortpflanzungssystem in heimischen Smaragdeidechsenpopulationen. – Die Eidechse 12 (2): 33–41.

ELBING, K. & H.-K. NETTMANN (2001): Beiträge zur Naturgeschichte und zum Schutz der Smaragdeidechsen (*Lacerta* s. str.). – Mertensiella, Rheinbach, 13, 285 S.

ENGELMANN, W. E., J. FRITZSCHE, R. GÜNTHER & F.J. OBST (1993): Lurche und Kriechtiere Europas. – Neumann Verlag, Radebeul, 440 S.

FRITZ, K., P. SOWIG & H. LAUFER (2001): Verbreitung und Bestandssituation der Westlichen Smaragdeidechse (*Lacerta bilineata*) in Baden-Würtemberg. – S. 111–122 in: ELBING, K. & H.-K. NETTMANN (Hrsg.): Beiträge zur Naturgeschichte und zum Schutz der Smaragdeidechsen (*Lacerta* s. str.) – Mertensiella, Rheinbach, 13, 285 S.

GRILLITSCH, H. & A. CABELA (2001): Zur Verbreitung und Ökologie der Smaragdeidechse in Österreich. – S. 129–137 in: ELBING, K. & H.-K. NETTMANN (Hrsg.): Beiträge zur Naturgeschichte und zum Schutz der Smaragdeidechsen (*Lacerta* s. str.) – Mertensiella, Rheinbach, 13, 285 S.

GROSCHOPF, R., O. HOFFRICHTER, A. KOBEL-LAMPARSKI, J.-U. MEINEKE, B.-J. SEITZ, F. STAUB, E. VILLINGER, O. WILMANNS & W. WIMMENAUER (2011): Der Kaiserstuhl – Einzigartige Löss- und Vulkanlandschaft am Oberrhein. – Jan Thorbecke Verlag, Ostfildern, 404 S.

GÜNTHER, R. (1996): Die Amphibien und Reptilien Deutschlands. – Gustav Fischer Verlag, Jena, 328 S.

HOFER, U. (2001): Die Westliche Smaragdeidechse, *Lacerta bilineata* Daudin, 1802, in der Schweiz. – S. 123–128 in: ELBING, K. & H.-K. NETTMANN (Hrsg.): Beiträge zur Naturgeschichte und zum Schutz der Smaragdeidechsen *(Lacerta* s. str.*)* – Mertensiella, Rheinbach, 13, 285 S.

HOFER, U., J. C. MONNEY & G. DUŠEJ (2001): Die Reptilien der Schweiz. – KARCH, Birkhäuser Verlag, Basel, 202 S.

HUTTER, C. P. (1994): Schützt die Reptilien. – Weitbrecht Verlag, Stuttgart, 118 S.

JOGER, U., T. AMANN & M. VEITH (2001): Phylogeographie und genetische Differenzierung im *Lacerta viridis/bilineata* Komplex. – S. 60–68 in: ELBING, K. & H.-K. NETTMANN (Hrsg.): Beiträge zur Naturgeschichte und zum Schutz der Smaragdeidechsen *(Lacerta* s. str.) – Mertensiella, Rheinbach, 13, 285 S.

JOGER, U., U. FRITZ, D. GUICKING, S. KALYABINA-HAUF, Z. T. NAGY & M. WINK (2010): Relict Populations and Endemic Clades in Palearctic Reptiles: Evolutionary History and Implications for Conservation. – Springer-Verlag, Berlin, 119–143 S.

KNELLER, M. (2007): *Lacerta schreiberi* Bedriaga, 1878 – die Iberische Smaragdeidechse – Pflege und Zucht im Freilandgehege . – Die Eidechse 18 (2): 33–37.

KÖHLER, G. (1997): Inkubation von Reptilieneiern. – Herpeton-Verlag, Offenbach, 205 S.

KRONIGER, M. (2006): Herpetologische Beobachtungen aus der Bretagne. – Die Eidechse 17 (1): 11–13.

KRONIGER, M. & M. ZAWADZKI (2005): Eidechsen im Terrarium. – DRACO 6 (1): 28–37.

KWET, A. (2005): Reptilien und Amphibien Europas. – Kosmos Naturführer, Stuttgart, 252 S.

LANGERWERF, B. (1983): Über die Haltung und Zucht von *Agama caucasia* (Eichwald, 1831) (Sauria: Agamidae), nebst Bemerkungen zur erfolgreichen Zucht weiterer paläarktischen Echsen. – Salamandra 19 (1/2): 11–20.

LAUFER, H., K. FRITZ & P. SOWIG (2007): Die Amphibien und Reptilien Baden-Württembergs. - Ulmer Verlag, Stuttgart, 807 S.

LEPTIEN, R. (2016): Die Smaragdeidechse. – Reptilia, Natur und Tier Verlag, Münster, Nr. 120: 60–62.

MARZAHN, E., W. MAYER, U. JOGER, C. ILGAZ, D. JABLONSKI, C. KINDLER, Y. KUMLUTAS, A. NISTRI, N. SCHNEEWEISS, M. VAMBERGER, A. ZAGAR & U. FRITZ (2015): Phylogeography of the *Lacerta viridis* complex: mitochondrial and nuclear markers provide taxonomic insights: J Zool Syst Evol Res, Blackwell-Verlag: 1–21.

MAYER, W. & M. PODNAR (2002): Die *Lacertiden* des kroatischen Küstengebietes. Teil I: Istrien und die Kvarner Bucht. – Die Eidechse 13(1): 8–13.

MIKÁTOVÁ, B. (2001): The Green Lizard, *Lacerta viridis* (Laurenti, 1768), in the Czech Republic: Distribution, Ecology and Conservation aspects. – S. 138–149 in: ELBING, K. & H.-K. NETTMANN (Hrsg.): Beiträge zur Naturgeschichte und zum Schutz der Smaragdeidechsen (*Lacerta* s. str.) – Mertensiella, Rheinbach, 13, 285 S.

NETTMANN, H.-K. (2001): Die Smaragdeidechsen (*Lacerta* s. str.) – Eine Übersicht über Verwandtschaft und Formenvielfalt. – S. 11–32 in: ELBING, K. & H.-K. NETTMANN (Hrsg.): Beiträge zur Naturgeschichte und zum Schutz der Smaragdeidechsen *(Lacerta* s. str.) – Mertensiella, Rheinbach, 13, 285 S.

NETTMANN, H.-K. &. S. RYKENA (1984): *Lacerta viridis* (Laurenti, 1768) – Smaragdeidechse. – In: BÖHME, W. (Hrsg.): Handbuch der Reptilien und Amphibien Europas, Wiesbaden, Aula Verlag 2/I: 129–180.

PETERS, G. (1963): Studien zur Taxonomie, Verbreitung und Ökologie der Smaragdeidechsen. II. Ökologische Notizen über einige ostbulgarische Populationen von *L. trilineata*. – Mittl Zool. Mus. Berlin 39: 203–222.

PETERS, G. (1970): Studien zur Taxonomie, Verbreitung und Ökologie der Smaragdeidechsen. IV. Zur Ökologie und Geschichte der Populationen von *Lacerta v. viridis* im mitteleuropäischen Flachland. – Veröff. Bez.- Mus. Potsdam, Abt. Naturwissenschaften, 21: 49–121.

RICHTER, K. (1992): Eigenartige „Hautgeschwülste" bei Smaragdeidechsen. – Die Eidechse 7: 10–11.

RICHTER, K. (1992): Zum Thema „Borkengeschwüre" und Infektiösität. – Die Eidechse 7: 24.

RYKENA, S. (2001): Experimental hybridization in Green Lizards (*Lacerta* s. str.), a tool to study species boundaries. – S. 78–88 in: ELBING, K. & H.-K. NETTMANN (Hrsg.): Beiträge zur Naturgeschichte und zum Schutz der Smaragdeidechsen (*Lacerta* s. str.) – Mertensiella, Rheinbach, 13, 285 S.

RYKENA, S. , H.-K. NETTMANN & W. MAYER (2001): *Lacerta viridis guentherpetersi* ssp. nov., eine neue Unterart der Smaragdeidechse aus Griechenland. – S. 89–97 in: ELBING, K. & H.-K. NETTMANN (Hrsg.): Beiträge zur Naturgeschichte und zum Schutz der Smaragdeidechsen *(Lacerta* s. str.*)* – Mertensiella, Rheinbach, 13, 285 S.

SCHEDL, H. (2001): Struktur, Phänologie und Habitat einer Smaragdeidechsenpopulation (*Lacerta viridis* Laurenti, 1768) am Leopoldsberg in Wien. – Diplomarbeit Universität Wien.

SCHMIDTLER, J. F. (1999): Notes on the Altitudinal Distribution of Lizards and some other Reptiles on Mount Biokovo (Croatia) and its immediate surroundings. – Natura Croatica, Zagreb, Vol. 8 (3): 223–237.

SCHMIDTLER, J. F. (2001): Zur Verbreitung, Habitatwahl und Chorologie der türkischen Smaragdeidechsen *(Lacerta* s. str.*)*. – S. 165–187 in: ELBING, K. & H.-K. NETTMANN (Hrsg.): Beiträge zur Naturgeschichte und zum Schutz der Smaragdeidechsen *(Lacerta* s. str.*)* – Mertensiella, Rheinbach, 13, 285 S.

SCHMIDT-LOSKE, K. (1998): Errichtung einer Freilandanlage zur Reptilienhaltung im Park des Museums Alexander Koenig in Bonn. – Die Eidechse 9 (3): 100–107.

SCHNEEWEISS, N. (2001): Aspekte der Entwicklung und des Ausbreitungsverhaltens von Smaragdeidechsen (*Lacerta viridis viridis*) in einem Ansiedlungsversuch in Brandenburg. – S. 229–240 in: ELBING, K. & H.-K. NETTMANN (Hrsg.): Beiträge zur Naturgeschichte und zum Schutz der Smaragdeidechsen (*Lacerta* s. str.) – Mertensiella, Rheinbach, 13, 285 S.

SOUND, P. (2001): Status und Gefährdung der Westlichen Smaragdeidechse (*Lacerta bilineata*) in Rheinland-Pfalz. – S. 105–110 in: ELBING, K. & H.-K. NETTMANN (Hrsg.): Beiträge zur Naturgeschichte und zum Schutz der Smaragdeidechsen (*Lacerta* s. str.) – Mertensiella, Rheinbach, 13, 285 S.

SOUND, P. (2001): Maßnahmen zum Schutz der Westlichen Smaragdeidechse (*Lacerta bilineata* Daudin, 1802) in Rheinland-Pfalz. – S. 241–250 in: ELBING, K. & H.-K. NETTMANN (Hrsg.): Beiträge zur Naturgeschichte und zum Schutz der Smaragdeidechsen (*Lacerta* s. str.) – Mertensiella, Rheinbach, 13, 285 S.

SOUND, P. & M. VEITH (2001): Radiotelemetrische Untersuchungen zu Raumbedarf, Habitatnutzung und Innerhabitatbewegungen der Westlichen Smaragdeidechse, *Lacerta bilineata* Daudin, 1802, im Mittelrheintal. – S. 195–203 in: ELBING, K. & H.-K. NETTMANN (Hrsg.): Beiträge zur Naturgeschichte und zum Schutz der Smaragdeidechsen (*Lacerta* s. str.) – Mertensiella, Rheinbach, 13, 285 S.

SUTTKUS, M. (1991): Meine Erfahrungen mit *Lacerta viridis meridionalis*. – Die Eidechse 2: 6–9.

TÓTH, T., H. GRILLITSCH, B. FARKAS, J. GÁL & G. SUŠI (2006): Herpetofaunal data from Cres Island, Croatia. – Herpetozoa 19 (1/2): 27–58.

TROBISCH, D. (1993): Beobachtungen bei der Haltung und Zucht der Smaragdeidechse. – Die Eidechse 10: 2–7.